注册监理工程师继续教育培训选修课教材

房屋建筑工程

（第二版）

中国建设监理协会　组织编写

中国建筑工业出版社

图书在版编目（CIP）数据

房屋建筑工程/中国建设监理协会组织编写. —2版. 北京：中国建筑工业出版社，2012.10

（注册监理工程师继续教育培训选修课教材）

ISBN 978-7-112-14690-1

Ⅰ.①房… Ⅱ.①中… Ⅲ.①建筑工程-工程师-继续教育-教材 Ⅳ.①TU71

中国版本图书馆CIP数据核字（2012）第219681号

为满足全国注册监理工程师继续教育房屋建筑专业类别的培训需求，中国建设监理协会组织专家编写了第二个继续教育周期中房屋建筑专业类别的选修课教材。

全书分为四章，第一章为近几年颁布的与房屋建筑工程有关的部门规章及相关政策。第二章为近几年颁布和修订的与房屋建筑工程有关的标准。第三章为建筑节能与绿色施工管理，介绍了建筑节能工程施工监理的工作内容、工作流程以及土建和安装工程节能监理要点及措施、绿色施工管理。第四章为高大模板支撑系统专项施工方案监理分析及审批、建筑节能工程施工监理案例。

* * *

责任编辑：郦锁林 赵晓菲

责任设计：赵明霞

责任校对：王誉欣 陈晶晶

注册监理工程师继续教育培训选修课教材

房屋建筑工程

（第二版）

中国建设监理协会 组织编写

*

中国建筑工业出版社出版、发行（北京西郊百万庄）

各地新华书店、建筑书店经销

北京红光制版公司制版

北京市安泰印刷厂印刷

*

开本：787×1092毫米 1/16 印张：10¾ 字数：260千字

2012年11月第二版 2015年8月第七次印刷

定价：**30.00**元

ISBN 978-7-112-14690-1

（22739）

前　言

为满足全国注册监理工程师继续教育房屋建筑专业的培训需求，中国建设监理协会组织专家编写了第二个继续教育周期中房屋建筑专业的选修课教材。

全书分为四章，第一章为近几年颁布的与房屋建筑工程有关的部门规章及相关政策。第二章为近几年颁布和修订的与房屋建筑工程有关的标准。第三章为建筑节能与绿色施工管理，介绍了建筑节能工程施工监理的工作内容、工作流程以及土建和安装工程节能监理要点及措施、绿色施工管理。第四章为高大模板支撑系统专项施工方案监理分析及审批、建筑节能工程施工监理案例。本教材由孙占国（同济大学副教授）、何锡兴（上海建科工程咨询有限公司教授级高级工程师）主编，李清立（北京交通大学教授）主审。第一章由汪源（上海市建设工程咨询行业协会高级工程师）、温健（中国建设监理协会副秘书长、高级工程师）编写。第二章第一节由孙占国、温健编写。第二章第二节由汪源编写。第二章第三节由周力成（上海市建设工程咨询行业协会高级工程师）编写。第三章由何兴锡、张强、陶红（上海建科工程咨询有限公司高级工程师）、张元勃（北京市建设监理协会副会长）、李伟（北京方圆工程监理有限公司总经理）、李明安（京兴国际工程管理公司总经理）、龚花强（上海市建设工程监理有限公司总经理）、黄慧（北京五环国际工程管理有限公司总经理）编写。第四章第一节由韩光耀（上海同济工程咨询有限公司高级工程师）编写。第四章第二节由冯永强、周红波（上海建科工程咨询有限公司教授级高级工程师）编写。

本教材中存在不足和错误之处，请读者和同行专家指正并提出宝贵意见。

目　录

第一章　部门规章及相关政策

与建设工程监理有关的法律、行政法规、部门规章及相关政策，是建设工程监理的重要依据。作为注册监理工程师，必须熟悉与建设工程监理相关的法规文件，领会精神，掌握其主要条款，结合建设工程监理工作实践，认真贯彻执行。

本章所介绍的是近几年颁布的与房屋建筑工程监理工作有关的部门规章和相关政策。

第一节　部　门　规　章

一、《建筑起重机械安全监督管理规定》(建设部令第166号)

为了加强建筑起重机械的安全监督管理，防止和减少生产安全事故，保障人民群众生命和财产安全，建设部依据《建设工程安全生产管理条例》、《特种设备安全监察条例》、《安全生产许可证条例》，制定本规定，共三十五条。自2008年6月1日起施行。

本规定适用于建筑起重机械的租赁、安装、拆卸、使用及其监督管理。规定中所称建筑起重机械，是指纳入特种设备目录，在房屋建筑工地和市政工程工地安装、拆卸、使用的起重机械。

建设主管部门对建筑起重机械的租赁、安装、拆卸、使用实施监督管理。规定明确了建设主管部门履行安全监督检查职责及相应权限。

规定分别明确了从事建筑起重机械安装、拆卸活动的单位（以下简称安装单位）的要求及应当履行的安全职责。出租单位出租的建筑起重机械和使用单位购置、租赁、使用的建筑起重机械的要求。使用单位应当履行的安全职责。施工总承包单位应当履行的安全职责。监理单位应当履行的安全职责等。以及违反本规定，对各责任主体的处罚。

建筑起重机械安装完毕后，使用单位应当组织出租、安装、监理等有关单位进行验收，或者委托具有相应资质的检验检测机构进行验收。建筑起重机械经验收合格后方可投入使用，未经验收或者验收不合格的不得使用。

实行施工总承包的，由施工总承包单位组织验收。

建筑起重机械在验收前应当经有相应资质的检验检测机构监督检验合格。

检验检测机构和检验检测人员对检验检测结果、鉴定结论依法承担法律责任。

监理单位应当履行的六条安全职责：

（1）审核建筑起重机械特种设备制造许可证、产品合格证、制造监督检验证明、备案证明等文件；

（2）审核建筑起重机械安装单位、使用单位的资质证书、安全生产许可证和特种作业人员的特种作业操作资格证书；

（3）审核建筑起重机械安装、拆卸工程专项施工方案；

（4）监督安装单位执行建筑起重机械安装、拆卸工程专项施工方案情况；

（5）监督检查建筑起重机械的使用情况；

（6）发现存在生产安全事故隐患的，应当要求安装单位、使用单位限期整改，对安装单位、使用单位拒不整改的，及时向建设单位报告。

二、《房屋建筑和市政基础设施工程质量监督管理规定》(住房和城乡建设部令第5号)

为了加强房屋建筑和市政基础设施工程质量的监督，保护人民生命和财产安全，规范住房和城乡建设主管部门及工程质量监督机构的质量监督行为，住房和城乡建设部根据《中华人民共和国建筑法》、《建设工程质量管理条例》等有关法律、行政法规，制定本规定，自2010年9月1日起施行。

该规定适用于中华人民共和国境内主管部门实施对新建、扩建、改建房屋建筑和市政基础设施工程质量监督管理。抢险救灾工程、临时性房屋建筑工程和农民自建低层住宅工程，不适用本规定。

国务院住房和城乡建设主管部门负责全国房屋建筑和市政基础设施工程质量监督管理工作。

县级以上地方人民政府建设主管部门负责本行政区域内工程质量监督管理工作。

工程质量监督管理的具体工作可以由县级以上地方人民政府建设主管部门委托所属的工程质量监督机构（以下简称监督机构）实施。

规定所称工程质量监督管理，是指主管部门依据有关法律法规和工程建设强制性标准，对工程实体质量和工程建设、勘察、设计、施工、监理单位（以下简称工程质量责任主体）和质量检测等单位的工程质量行为实施监督。

规定所称工程实体质量监督，是指主管部门对涉及工程主体结构安全、主要使用功能的工程实体质量情况实施监督。

规定所称工程质量行为监督，是指主管部门对工程质量责任主体和质量检测等单位履行法定质量责任和义务的情况实施监督。

（一）监督内容

（1）监督各方执行法律法规和工程建设强制性标准的情况；

（2）抽查涉及工程主体结构安全和主要使用功能的工程实体质量；

（3）抽查工程质量责任主体和质量检测等单位的工程质量行为；

（4）抽查主要建筑材料、建筑构配件的质量；

（5）对工程竣工验收进行监督；

（6）组织或者参与工程质量事故的调查处理；

（7）定期对本地区工程质量状况进行统计分析；

（8）依法对违法违规行为实施处罚。

（二）质量监督程序

（1）受理建设单位办理质量监督手续；

（2）制订工作计划并组织实施；

（3）对工程实体质量、工程质量责任主体和质量检测等单位的工程质量行为进行抽查、抽测；

(4) 监督工程竣工验收；

(5) 形成工程质量监督报告；

(6) 建立工程质量监督档案。

(三) 主管部门实施监督检查时的职权

(1) 要求被检查单位提供有关工程质量的文件和资料；

(2) 进入被检查单位的施工现场进行检查；

(3) 发现有影响工程质量的问题时，责令改正。

工程竣工验收合格后，设置永久性标牌、建立工程质量信用档案以及向社会公布在检查中发现的涉及主体结构安全和主要使用功能的工程质量问题及整改情况。

规定还明确了监督机构的条件，包括人员、场所以及制度和信息化等要求，其中规定监督人员应当占总人数的75%以上。监督人员应具备的条件，同时规定，监督机构可以聘请中级职称以上的工程类专业技术人员协助实施工程质量监督。

省级建设主管部门对监督机构每三年进行一次考核，每两年对监督人员进行一次岗位考核，每年进行一次法律法规、业务知识培训，并适时组织开展继续教育培训。国务院住房和城乡建设主管部门对监督机构和监督人员的考核情况进行监督抽查。对主管部门工作人员玩忽职守、滥用职权、徇私舞弊，构成犯罪的，依法追究刑事责任；尚不构成犯罪的，依法给予行政处分。

三、《建设工程消防监督管理规定》(公安部令第106号)

为加强建设工程消防监督管理，落实建设工程消防设计、施工质量和安全责任，规范消防监督管理行为，依据《中华人民共和国消防法》、《建设工程质量管理条例》，制定了本规定，自2009年5月1日起施行。规定分总则、消防设计、施工的质量责任、消防设计审核和消防验收、消防设计和竣工验收的备案抽查、执法监督、法律责任、附则等七章，共五十一条。

该规定适用于新建、扩建、改建（含室内装修、用途变更）等建设工程的消防监督管理。不适用住宅室内装修、村民自建住宅、救灾和其他临时性建筑的建设活动。

建设、设计、施工、工程监理等单位应当遵守消防法规、国家消防技术标准，对建设工程消防设计、施工质量和安全负责。

公安机关消防机构依法实施建设工程消防设计审核、消防验收和备案、抽查。

建设工程的消防设计、施工必须符合国家工程建设消防技术标准。

该规定明确了建设单位、设计单位、施工单位、工程监理单位应当承担的质量和安全责任。

(一) 对建设单位的要求

建设单位不得要求设计、施工、工程监理等有关单位和人员违反消防法规和国家工程建设消防技术标准，降低建设工程消防设计、施工质量，并承担下列消防设计、施工的质量责任：

(1) 依法申请建设工程消防设计审核、消防验收，依法办理消防设计和竣工验收备案手续并接受抽查；建设工程内设置的公众聚集场所未经消防安全检查或者经检查不符合消防安全要求的，不得投入使用、营业；

（2）实行工程监理的建设工程，应当将消防施工质量一并委托监理；

（3）选用具有国家规定资质等级的消防设计、施工单位；

（4）选用合格的消防产品和满足防火性能要求的建筑构件、建筑材料及室内装修装饰材料；

（5）依法应当经消防设计审核、消防验收的建设工程，未经审核或者审核不合格的，不得组织施工；未经验收或者验收不合格的，不得交付使用。

（二）对设计单位的要求

设计单位应当承担下列消防设计的质量责任：

（1）根据消防法规和国家工程建设消防技术标准进行消防设计，编制符合要求的消防设计文件，不得违反国家工程建设消防技术标准强制性要求进行设计；

（2）在设计中选用的消防产品和有防火性能要求的建筑构件、建筑材料、室内装修装饰材料，应当注明规格、性能等技术指标，其质量要求必须符合国家标准或者行业标准；

（3）参加建设单位组织的建设工程竣工验收，对建设工程消防设计实施情况签字确认。

（三）对施工单位的要求

施工单位应当承担下列消防施工的质量和安全责任：

（1）按照国家工程建设消防技术标准和经消防设计审核合格或者备案的消防设计文件组织施工，不得擅自改变消防设计进行施工，降低消防施工质量；

（2）查验消防产品和有防火性能要求的建筑构件、建筑材料及室内装修装饰材料的质量，使用合格产品，保证消防施工质量；

（3）建立施工现场消防安全责任制度，确定消防安全负责人。加强对施工人员的消防教育培训，落实动火、用电、易燃可燃材料等消防管理制度和操作规程。保证在建工程竣工验收前消防通道、消防水源、消防设施和器材、消防安全标志等完好有效。

（四）对工程监理单位的要求

工程监理单位应当承担下列消防施工的质量监理责任：

（1）按照国家工程建设消防技术标准和经消防设计审核合格或者备案的消防设计文件实施工程监理；

（2）在消防产品和有防火性能要求的建筑构件、建筑材料、室内装修装饰材料施工、安装前，核查产品质量证明文件，不得同意使用或者安装不合格的消防产品和防火性能不符合要求的建筑构件、建筑材料、室内装修装饰材料；

（3）参加建设单位组织的建设工程竣工验收，对建设工程消防施工质量签字确认。

为建设工程消防设计、竣工验收提供图纸审查、安全评估、检测等消防技术服务的机构和人员，应当依法取得相应的资质、资格，按照法律、行政法规、国家标准、行业标准和执业标准提供消防技术服务，并对出具的审查、评估、检验、检测意见负责。

建设、设计、施工、工程监理单位、消防技术服务机构及其从业人员违反有关消防法规、国家工程建设消防技术标准，造成危害后果的，除依法给予行政处罚或者追究刑事责任外，还应当依法承担民事赔偿责任。

规定明确了需要消防设计审核和消防验收以及消防设计和竣工验收备案抽查的项目范围、规模以及申办的具体要求等。

第二节　相　关　政　策

一、关于印发《建筑施工企业安全生产管理机构设置及专职安全生产管理人员配备办法》的通知（建质 2008 年 91 号）

为进一步规范建筑施工企业安全生产管理机构设置及专职安全生产管理人员配备，全面落实建筑施工企业安全生产主体责任，住房和城乡建设部组织修订了《建筑施工企业安全生产管理机构设置及专职安全生产管理人员配备办法》（以下简称《办法》），于 2008 年 5 月 13 日颁发执行。原建质［2004］213 号中的《建筑施工企业安全生产管理机构设置及专职安全生产管理人员配备办法》同时废止。

《办法》对制定依据、适用范围、安全生产管理机构与专职安全生产管理人员职责等作了规定。其中涉及专职安全生产管理人员配备要求的条款有第八条、第十三条、第十四条、第十五条：

《办法》第八条规定了建筑施工企业安全生产管理机构专职安全生产管理人员的配备，并要求根据企业经营规模、设备管理和生产需要予以增加。建筑施工企业安全生产管理机构专职安全生产管理人员的配备一览表，见表 1-1。

建筑施工企业安全生产管理机构专职安全生产管理人员的配备一览表　　表 1-1

序号	企业资质		人数（不少于）
1	总承包资质序列企业	特级资质	6 人
		一级资质	4 人
		二级和二级以下资质	3 人
2	建筑施工专业承包资质序列企业	一级资质	3 人
		二级和二级以下资质企业	2 人
3	建筑施工劳务分包资质序列企业		2 人
4	建筑施工企业的分公司、区域公司等较大的分支机构		2 人

《办法》第十三条、第十四条规定了总承包单位、分包单位项目专职安全生产管理人员的配备。专职安全生产管理人员项目配备一览表，见表 1-2。

《办法》第十五条要求采用新技术、新工艺、新材料或致害因素多、施工作业难度大的工程项目，项目专职安全生产管理人员的数量应当根据施工实际情况，在第十三条、第十四条规定的配备标准上增加。

《办法》同时明确，建筑施工企业应当实行建设工程项目专职安全生产管理人员委派制度。建设工程项目的专职安全生产管理人员应当定期将项目安全生产管理情况报告企业安全生产管理机构。

专职安全生产管理人员项目配备一览表　　表 1-2

序号	工程与单位		人数（不少于）
1	建筑、装修工程按面积	1万 m^2 以下	1人
		1万～5万 m^2	2人
		5万 m^2 以上	3人（主管、土建、机电）
2	土木、线路管、设备安装工程按工程合同价	5000万元以下	1人
		5000万元～1亿元	2人
		1亿元以上	3人（主管、土建、机电）
3	劳务分包单位	50人以下	应配备1人
		50～200人	应配备2人
		200人以上	应配备3名及以上，并根据所承担的分部分项工程量和施工危险程度增加，不少于施工总人数5‰
4	专业承包单位		至少1人，并根据所承担的分部分项工程量和施工危险程度增加

二、关于印发《建筑施工企业安全生产许可证动态监管暂行办法》的通知（建质［2008］121号）

为强化建筑施工企业安全生产许可证动态监管，促进施工企业保持和改善安全生产条件，控制和减少生产安全事故，住房和城乡建设部于2008年6月30日制定并印发了本暂行办法。《暂行办法》除对建筑施工企业安全生产许可证动态监管提出具体要求外，还要求：工程监理单位应当查验承建工程的施工企业安全生产许可证和有关“三类人员”安全生产考核合格证书持证情况，发现其持证情况不符合规定的或施工现场降低安全生产条件的，应当要求其立即整改。施工企业拒不整改的，工程监理单位应当向建设单位报告。建设单位接到工程监理单位报告后，应当责令施工企业立即整改。

三、关于印发《建筑施工特种作业人员管理规定》的通知（建质［2008］75号）

为加强对建筑施工特种作业人员的管理，防止和减少生产安全事故，根据《安全生产许可证条例》、《建筑起重机械安全监督管理规定》等法规规章，住房和城乡建设部制定《建筑施工特种作业人员管理规定》，自2008年6月1日起施行。

该规定所称建筑施工特种作业人员是指在房屋建筑和市政工程施工活动中，从事可能对本人、他人及周围设备设施的安全造成重大危害作业的人员。包括：

（1）建筑电工；

（2）建筑架子工；

（3）建筑起重信号司索工；

（4）建筑起重机械司机；

（5）建筑起重机械安装拆卸工；

（6）高处作业吊篮安装拆卸工；

（7）经省级以上人民政府建设主管部门认定的其他特种作业。

建筑施工特种作业人员必须经建设主管部门考核合格，取得建筑施工特种作业人员操作资格证书（以下简称“资格证书”），方可上岗从事相应作业。

持有资格证书的人员，应当受聘于建筑施工企业或者建筑起重机械出租单位（以下简称用人单位），方可从事相应的特种作业。

用人单位对于首次取得资格证书的人员，应当在其正式上岗前安排不少于3个月的实习操作。

建筑施工特种作业人员应当严格按照安全技术标准、规范和规程进行作业，正确佩戴和使用安全防护用品，并按规定对作业工具和设备进行维护保养。

建筑施工特种作业人员应当参加年度安全教育培训或者继续教育，每年不得少于24h。

在施工中发生危及人身安全的紧急情况时，建筑施工特种作业人员有权立即停止作业或者撤离危险区域，并向施工现场专职安全生产管理人员和项目负责人报告。

资格证书有效期为两年。有效期满需要延期的，建筑施工特种作业人员应当于期满前3个月内向原考核发证机关申请办理延期复核手续。延期复核合格的，资格证书有效期延期2年。

四、关于印发《建筑起重机械备案登记办法》的通知（建质［2008］76号）

为加强建筑起重机械备案登记管理，根据《建筑起重机械安全监督管理规定》，制定了《建筑起重机械备案登记办法》，自2008年6月1日起施行。

建筑起重机械备案登记包括建筑起重机械备案、安装（拆卸）告知和使用登记。

建筑起重机械出租单位或者自购建筑起重机械使用单位（以下简称“产权单位”）在建筑起重机械首次出租或安装前，应当向本单位工商注册所在地县级以上地方人民政府建设主管部门（以下简称“设备备案机关”）办理备案。

办理备案手续时，应当提交的资料：产权单位法人营业执照副本；特种设备制造许可证；产品合格证；制造监督检验证明；建筑起重机械设备购销合同、发票或相应有效凭证；设备备案机关规定的其他资料等。所有资料复印件应当加盖产权单位公章。

属国家和地方明令淘汰或者禁止使用的；超过制造厂家或者安全技术标准规定的使用年限的；经检验达不到安全技术标准规定的建筑起重机械，设备备案机关不予备案，并通知产权单位。产权单位应当及时采取解体等销毁措施予以报废，并向设备备案机关办理备案注销手续。

从事建筑起重机械安装、拆卸活动的单位（以下简称“安装单位”）办理建筑起重机械安装（拆卸）告知手续前，应当将建筑起重机械备案证明；安装单位资质证书、安全生产许可证副本；安装单位特种作业人员证书；建筑起重机械安装（拆卸）工程专项施工方案；安装单位与使用单位签订的安装（拆卸）合同及安装单位与施工总承包单位签订的安全协议书；安装单位负责建筑起重机械安装（拆卸）工程专职安全生产管理人员、专业技术人员名单；建筑起重机械安装（拆卸）工程生产安全事故应急救援预案；辅助起重机械资料及其特种作业人员证书；施工总承包单位、监理单位要求的其他资料等9项资料报送施工总承包单位、监理单位审核。施工总承包单位、监理单位应当在收到安装单位提交的齐全有效的资料之日起2个工作日内审核完毕并签署意见。

安装单位应当在建筑起重机械安装（拆卸）前2个工作日内通过书面形式、传真或者计算机信息系统告知工程所在地县级以上地方人民政府建设主管部门，同时按规定提交经施工总承包单位、监理单位审核合格的有关资料。

建筑起重机械使用单位在建筑起重机械安装验收合格之日起30日内，向工程所在地县级以上地方人民政府建设主管部门（以下简称“使用登记机关”）办理使用登记。

使用单位在办理建筑起重机械使用登记时，应当向使用登记机关提交建筑起重机械备案证明；建筑起重机械租赁合同；建筑起重机械检验检测报告和安装验收资料；使用单位特种作业人员资格证书；建筑起重机械维护保养等管理制度；建筑起重机械生产安全事故应急救援预案；使用登记机关规定的其他资料等7项资料。

使用登记机关应当自收到使用单位提交的资料之日起7个工作日内，对于符合登记条件且资料齐全的建筑起重机械核发建筑起重机械使用登记证明。

五、《关于建筑施工特种作业人员考核工作的实施意见》（建质［2008］41号）

为规范建筑施工特种作业人员考核管理工作，根据《建筑施工特种作业人员管理规定》，住房和城乡建设部办公厅于2008年7月18日从考核目的、考核机关、考核对象、考核条件、考核内容、考核办法、其他事项等七个方面制定了《关于建筑施工特种作业人员考核工作的实施意见》，并在实施意见中以附件形式对特种作业操作范围、安全技术考核大纲和安全操作技能考核标准作了规定。

该实施意见要求，参加考核的人员应当具备以下条件：

（1）年满18周岁且符合相应特种作业规定的年龄要求；

（2）近三个月内经二级乙等以上医院体检合格且无妨碍从事相应特种作业的疾病和生理缺陷；

（3）初中及以上学历；

（4）符合相应特种作业规定的其他条件。

首次取得《建筑施工特种作业操作资格证书》的人员实习操作不得少于3个月。实习操作期间，用人单位应当指定专人指导和监督作业。指导人员应当从取得相应特种作业资格证书并从事相关工作3年以上、无不良记录的熟练工中选择。实习操作期满，经用人单位考核合格，方可独立作业。

六、关于印发《危险性较大的分部分项工程安全管理办法》的通知（建质［2009］87号）

为加强对危险性较大的分部分项工程安全管理，明确安全专项施工方案编制内容，规范专家论证程序，确保安全专项施工方案实施，积极防范和遏制建筑施工生产安全事故的发生，依据《建设工程安全生产管理条例》及相关安全生产法律法规，住房和城乡建设部组织修订了《危险性较大的分部分项工程安全管理办法》，并于2009年5月13日发布。原建质［2004］213号中的《危险性较大工程安全专项施工方案编制及专家论证审查办法》废止。

该办法对适用范围作了调整。办法适用于房屋建筑和市政基础设施工程（以下简称“建筑工程”）的新建、改建、扩建、装修和拆除等建筑安全生产活动及安全管理。

建设单位在申请领取施工许可证或办理安全监督手续时，应当提供危险性较大的分部分项工程清单和安全管理措施。施工单位、监理单位应当建立危险性较大的分部分项工程安全管理制度。

该办法对危险性较大的分部分项工程（范围见附件一）和超过一定规模的危险性较大的分部分项工程（范围见附件二）分别提出要求。施工单位应当在危险性较大的分部分项工程施工前编制专项方案；对于超过一定规模的危险性较大的分部分项工程，施工单位应当组织专家对专项方案进行论证。

危险性较大的分部分项工程安全专项施工方案，是指施工单位在编制施工组织（总）设计的基础上，针对危险性较大的分部分项工程单独编制的安全技术措施文件。建筑工程实行施工总承包的，专项方案应当由施工总承包单位组织编制。其中，起重机械安装拆卸工程、深基坑工程、附着式升降脚手架等专业工程实行分包的，其专项方案可由专业承包单位组织编制。

（一）专项方案编制包括的主要内容

（1）工程概况：危险性较大的分部分项工程概况、施工平面布置、施工要求和技术保证条件；

（2）编制依据：相关法律、法规、规范性文件、标准、规范及图纸（国标图集）、施工组织设计等；

（3）施工计划：包括施工进度计划、材料与设备计划；

（4）施工工艺技术：技术参数、工艺流程、施工方法、检查验收等；

（5）施工安全保证措施：组织保障、技术措施、应急预案、监测监控等；

（6）劳动力计划：专职安全生产管理人员、特种作业人员等；

（7）计算书及相关图纸。

专项方案应当由施工单位技术部门组织本单位施工技术、安全、质量等部门的专业技术人员进行审核。经审核合格的，由施工单位技术负责人签字。实行施工总承包的，专项方案应当由总承包单位技术负责人及相关专业承包单位技术负责人签字。

不需专家论证的专项方案，经施工单位审核合格后报监理单位，由项目总监理工程师审核签字。

超过一定规模的危险性较大的分部分项工程专项方案应当由施工单位组织召开专家论证会。实行施工总承包的，由施工总承包单位组织召开专家论证会。

（二）参加专家论证会的人员

（1）专家组成员；

（2）建设单位项目负责人或技术负责人；

（3）监理单位项目总监理工程师及相关人员；

（4）施工单位分管安全的负责人、技术负责人、项目负责人、项目技术负责人、专项方案编制人员、项目专职安全生产管理人员；

（5）勘察、设计单位项目技术负责人及相关人员。

专家组成员应当由 5 名及以上符合相关专业要求的专家组成。

本项目参建各方的人员不得以专家身份参加专家论证会。

（三）专家论证的主要内容

(1) 专项方案内容是否完整、可行；

(2) 专项方案计算书和验算依据是否符合有关标准规范；

(3) 安全施工的基本条件是否满足现场实际情况。

专项方案经论证后，专家组应当提交论证报告，对论证的内容提出明确的意见，并在论证报告上签字。该报告作为专项方案修改完善的指导意见。

施工单位应当根据论证报告修改完善专项方案，并经施工单位技术负责人、项目总监理工程师、建设单位项目负责人签字后，方可组织实施。

实行施工总承包的，应当由施工总承包单位、相关专业承包单位技术负责人签字。

专项方案经论证后需做重大修改的，施工单位应当按照论证报告修改，并重新组织专家进行论证。

施工单位应当严格按照专项方案组织施工，不得擅自修改、调整专项方案。

如因设计、结构、外部环境等因素发生变化确需修改的，修改后的专项方案应当按本办法第八条重新审核。对于超过一定规模的危险性较大工程的专项方案，施工单位应当重新组织专家进行论证。

专项方案实施前，编制人员或项目技术负责人应当向现场管理人员和作业人员进行安全技术交底。

施工单位应当指定专人对专项方案实施情况进行现场监督和按规定进行监测。发现不按照专项方案施工的，应当要求其立即整改；发现有危及人身安全紧急情况的，应当立即组织作业人员撤离危险区域。

施工单位技术负责人应当定期巡查专项方案实施情况。

对于按规定需要验收的危险性较大的分部分项工程，施工单位、监理单位应当组织有关人员进行验收。验收合格的，经施工单位项目技术负责人及项目总监理工程师签字后，方可进入下一道工序。

监理单位应当将危险性较大的分部分项工程列入监理规划和监理实施细则，应当针对工程特点、周边环境和施工工艺等，制定安全监理工作流程、方法和措施。

监理单位应当对专项方案实施情况进行现场监理；对不按专项方案实施的，应当责令整改，施工单位拒不整改的，应当及时向建设单位报告；建设单位接到监理单位报告后，应当立即责令施工单位停工整改；施工单位仍不停工整改的，建设单位应当及时向住房城乡建设主管部门报告。

该办法还就专家库的建立，专家具备的基本条件、制定专家资格审查办法和管理制度等提出了要求。

对建设单位未按规定提供危险性较大的分部分项工程清单和安全管理措施，未责令施工单位停工整改的，未向住房城乡建设主管部门报告的；施工单位未按规定编制、实施专项方案的；监理单位未按规定审核专项方案或未对危险性较大的分部分项工程实施监理的；应当依据有关法律法规予以处罚。

为便于学习，将附件一、二的内容编制成危险性较大的分部分项工程对照表，见表 1-3。

危险性较大的分部分项工程对照表 **表 1-3**

附件一	附件二
危险性较大的分部分项工程范围	超过一定规模的危险性较大的分部分项工程范围
开挖深度超过 3m（含 3m）或虽未超过 3m 但地质条件和周边环境复杂的基坑（槽）支护、降水工程	（1）开挖深度超过 5m（含 5m）的基坑（槽）的土方开挖、支护、降水工程 （2）开挖深度虽未超过 5m，但地质条件、周围环境和地下管线复杂，或影响毗邻建筑（构筑）物安全的基坑（槽）的土方开挖、支护、降水工程
开挖深度超过 3m（含 3m）的基坑（槽）的土方开挖工程	
（1）各类工具式模板工程：包括大模板、滑模、爬模、飞模等工程	（1）工具式模板工程：包括滑模、爬模、飞模工程
（2）混凝土模板支撑工程：搭设高度 5m 及以上；搭设跨度 10m 及以上；施工总荷载 $10kN/m^2$ 及以上；集中线荷载 15kN/m 及以上；高度大于支撑水平投影宽度且相对独立无联系构件的混凝土模板支撑工程	（2）混凝土模板支撑工程：搭设高度 8m 及以上；搭设跨度 18m 及以上，施工总荷载 $15kN/m^2$ 及以上；集中线荷载 20kN/m 及以上
（3）承重支撑体系：用于钢结构安装等满堂支撑体系	（3）承重支撑体系：用于钢结构安装等满堂支撑体系，承受单点集中荷载 700kg 以上
（1）采用非常规起重设备、方法，且单件起吊重量在 10kN 及以上的起重吊装工程 （2）采用起重机械进行安装的工程 （3）起重机械设备自身的安装、拆卸	（1）采用非常规起重设备、方法，且单件起吊重量在 100kN 及以上的起重吊装工程 （2）起重量 300kN 及以上的起重设备安装工程；高度 200m 及以上内爬起重设备的拆除工程
（1）搭设高度 24m 及以上的落地式钢管脚手架工程	（1）搭设高度 50m 及以上落地式钢管脚手架工程
（2）附着式整体和分片提升脚手架工程	（2）提升高度 150m 及以上附着式整体和分片提升脚手架工程
（3）悬挑式脚手架工程	（3）架体高度 20m 及以上悬挑式脚手架工程
（4）吊篮脚手架工程	
（5）自制卸料平台、移动操作平台工程	
（6）新型及异型脚手架工程	
（1）建筑物、构筑物拆除工程 （2）采用爆破拆除的工程	（1）采用爆破拆除的工程 （2）码头、桥梁、高架、烟囱、水塔或拆除中容易引起有毒有害气（液）体或粉尘扩散、易燃易爆事故发生的特殊建、构筑物的拆除工程 （3）可能影响行人、交通、电力设施、通讯设施或其他建、构筑物安全的拆除工程 （4）文物保护建筑、优秀历史建筑或历史文化风貌区控制范围的拆除工程
（1）建筑幕墙安装工程	（1）施工高度 50m 及以上的建筑幕墙安装工程
（2）钢结构、网架和索膜结构安装工程	（2）跨度大于 36m 及以上的钢结构安装工程；跨度大于 60m 及以上的网架和索膜结构安装工程
（3）人工挖扩孔桩工程	（3）开挖深度超过 16m 的人工挖孔桩工程

续表

附件一	附件二
(4) 地下暗挖、顶管及水下作业工程	(4) 地下暗挖工程、顶管工程、水下作业工程
(5) 预应力工程	(5) 采用新技术、新工艺、新材料、新设备及尚无相关技术标准的危险性较大的分部分项工程
(6) 采用新技术、新工艺、新材料、新设备及尚无相关技术标准的危险性较大的分部分项工程	

七、《建设工程高大模板支撑系统施工安全监督管理导则》(建质［2009］254号)

为预防建设工程高大模板支撑系统(以下简称高大模板支撑系统)坍塌事故,保证施工安全,依据《建设工程安全生产管理条例》及相关安全生产法律法规、标准规范,住房和城乡建设部组织制定了《建设工程高大模板支撑系统施工安全监督管理导则》(以下简称《导则》),于2009年10月26日发布。《导则》分为总则、方案管理、验收管理、施工管理、监督管理、附则等内容,并对上述四项管理分别提出了要求。

《导则》适用于房屋建筑和市政基础设施建设工程高大模板支撑系统的施工安全监督管理。

《导则》所称高大模板支撑系统是指建设工程施工现场混凝土构件模板支撑高度超过8m,或搭设跨度超过18m,或施工总荷载大于15kN/m²,或集中线荷载大于20kN/m的模板支撑系统。

《导则》要求,高大模板支撑系统施工应严格遵循安全技术规范和专项方案规定,严密组织,责任落实,确保施工过程的安全。

(一) 方案管理

1. 方案编制

施工单位应依据国家现行相关标准规范,由项目技术负责人组织相关专业技术人员,结合工程实际,根据上述《危险性较大的分部分项工程安全管理办法》中专项方案编制包括的七项主要内容,针对高大模板工程具体特点编制高大模板支撑系统的专项施工方案。

(1) 工程概况:高大模板工程特点、施工平面及立面布置、施工要求和技术保证条件,具体明确支模区域、支模标高、高度、支模范围内的梁截面尺寸、跨度、板厚、支撑的地基情况等。

(2) 施工工艺技术:高大模板支撑系统的基础处理、主要搭设方法、工艺要求、材料的力学性能指标、构造设置以及检查、验收要求等。

(3) 施工安全保证措施:模板支撑体系搭设及混凝土浇筑区域管理人员组织机构、施工技术措施、模板安装和拆除的安全技术措施、施工应急救援预案,模板支撑系统在搭设、钢筋安装、混凝土浇捣过程中及混凝土终凝前后模板支撑体系位移的监测监控措施等。

(4) 计算书及相关图纸:验算项目及计算内容包括模板、模板支撑系统的主要结构强度和截面特征及各项荷载设计值及荷载组合,梁、板模板支撑系统的强度和刚度计算,梁板下立杆稳定性计算,立杆基础承载力验算,支撑系统支撑层承载力验算,转换层下支撑层承载力验算等。每项计算列出计算简图和截面构造大样图,注明材料尺寸、规格、纵横支撑间距。

附图包括支模区域立杆、纵横水平杆平面布置图，支撑系统立面图、剖面图，水平剪刀撑布置平面图及竖向剪刀撑布置投影图，梁板支模大样图，支撑体系监测平面布置图及连墙件布设位置及节点大样图等。

2. 审核论证

（1）高大模板支撑系统专项施工方案，应先由施工单位技术部门组织本单位施工技术、安全、质量等部门的专业技术人员进行审核，经施工单位技术负责人签字后，再按照相关规定组织专家论证。《危险性较大的分部分项工程安全管理办法》中所列的五种人员，应参加专家论证会。

（2）专家组成员应当由5名及以上符合相关专业要求的专家组成。本项目参建各方的人员不得以专家身份参加专家论证会。

（3）专家根据《危险性较大的分部分项工程安全管理办法》中所列的三个方面进行论证。

（4）施工单位应根据专家组的论证报告，对专项施工方案进行修改完善，并经施工单位技术负责人、项目总监理工程师、建设单位项目负责人批准签字后，方可组织实施。

（5）监理单位应编制安全监理实施细则，明确对高大模板支撑系统的重点审核内容、检查方法和检查频率。

（二）验收管理

（1）高大模板支撑系统搭设前，应由项目技术负责人组织对需要处理或加固的地基、基础进行验收，并留存记录。

（2）高大模板支撑系统的结构材料应按以下要求进行验收、抽检和检测，并留存记录、资料：

1）施工单位应对进场的承重杆件、连接件等材料的产品合格证、生产许可证、检测报告进行复核，并对其表面观感、重量等物理指标进行抽检。

2）对承重杆件的外观抽检数量不得低于搭设用量的30%，发现质量不符合标准、情况严重的，要进行100%的检验，并随机抽取外观检验不合格的材料（由监理见证取样）送法定专业检测机构进行检测。

3）采用钢管扣件搭设高大模板支撑系统时，还应对扣件螺栓的紧固力矩进行抽查，抽查数量应符合《建筑施工扣件式钢管脚手架安全技术规范》（JGJ 130）的规定，对梁底扣件应进行100%检查。

（3）高大模板支撑系统应在搭设完成后，由项目负责人组织验收，验收人员应包括施工单位和项目两级技术人员、项目安全、质量、施工人员，监理单位的总监和专业监理工程师。验收合格，经施工单位项目技术负责人及项目总监理工程师签字后，方可进入后续工序的施工。

（三）施工管理

1. 一般规定

（1）高大模板支撑系统应优先选用技术成熟的定型化、工具式支撑体系。

（2）搭设高大模板支撑架体的作业人员必须经过培训，取得建筑施工脚手架特种作业操作资格证书后方可上岗。其他相关施工人员应掌握相应的专业知识和技能。

（3）高大模板支撑系统搭设前，项目工程技术负责人或方案编制人员应当根据专项施工方案和有关规范、标准的要求，对现场管理人员、操作班组、作业人员进行安全技术交底，并履行签字手续。

安全技术交底的内容应包括模板支撑工程工艺、工序、作业要点和搭设安全技术要求等内容，并保留记录。

（4）作业人员应严格按规范、专项施工方案和安全技术交底书的要求进行操作，并正确佩戴相应的劳动防护用品。

2. 搭设管理

（1）高大模板支撑系统的地基承载力、沉降等应能满足方案设计要求。如遇松软土、回填土，应根据设计要求进行平整、夯实，并采取防水、排水措施，按规定在模板支撑立柱底部采用具有足够强度和刚度的垫板。

（2）对于高大模板支撑体系，其高度与宽度相比大于两倍的独立支撑系统，应加设保证整体稳定的构造措施。

（3）高大模板工程搭设的构造要求应当符合相关技术规范要求，支撑系统立柱接长严禁搭接；应设置扫地杆、纵横向支撑及水平垂直剪刀撑，并与主体结构的墙、柱牢固拉结。

（4）搭设高度2m以上的支撑架体应设置作业人员登高措施。作业面应按有关规定设置安全防护设施。

（5）模板支撑系统应为独立的系统，禁止与物料提升机、施工升降机、塔吊等起重设备钢结构架体机身及其附着设施相连接；禁止与施工脚手架、物料周转料平台等架体相连接。

3. 使用与检查

（1）模板、钢筋及其他材料等施工荷载应均匀堆置，放平放稳。施工总荷载不得超过模板支撑系统设计荷载要求。

（2）模板支撑系统在使用过程中，立柱底部不得松动悬空，不得任意拆除任何杆件，不得松动扣件，也不得用作缆风绳的拉结。

（3）施工过程中检查项目应符合下列要求：

1）立柱底部基础应回填夯实；

2）垫木应满足设计要求；

3）底座位置应正确，顶托螺杆伸出长度应符合规定；

4）立柱的规格尺寸和垂直度应符合要求，不得出现偏心荷载；

5）扫地杆、水平拉杆、剪刀撑等设置应符合规定，固定可靠；

6）安全网和各种安全防护设施符合要求。

4. 混凝土浇筑

（1）混凝土浇筑前，施工单位项目技术负责人、项目总监确认具备混凝土浇筑的安全生产条件后，签署混凝土浇筑令，方可浇筑混凝土。

（2）框架结构中，柱和梁板的混凝土浇筑顺序，应按先浇筑柱混凝土，后浇筑梁板混凝土的顺序进行。浇筑过程应符合专项施工方案要求，并确保支撑系统受力均匀，避免引起高大模板支撑系统的失稳倾斜。

(3) 浇筑过程应有专人对高大模板支撑系统进行观测，发现有松动、变形等情况，必须立即停止浇筑，撤离作业人员，并采取相应的加固措施。

5. 拆除管理

(1) 高大模板支撑系统拆除前，项目技术负责人、项目总监应核查混凝土同条件试块强度报告，浇筑混凝土达到拆模强度后方可拆除，并履行拆模审批签字手续。

(2) 高大模板支撑系统的拆除作业必须自上而下逐层进行，严禁上下层同时拆除作业，分段拆除的高度不应大于两层。设有附墙连接的模板支撑系统，附墙连接必须随支撑架体逐层拆除，严禁先将附墙连接全部或数层拆除后再拆支撑架体。

(3) 高大模板支撑系统拆除时，严禁将拆卸的杆件向地面抛掷，应有专人传递至地面，并按规格分类均匀堆放。

(4) 高大模板支撑系统搭设和拆除过程中，地面应设置围栏和警戒标志，并派专人看守，严禁非操作人员进入作业范围。

(四) 监督管理

(1) 施工单位应严格按照专项施工方案组织施工。高大模板支撑系统搭设、拆除及混凝土浇筑过程中，应有专业技术人员进行现场指导，设专人负责安全检查，发现险情，立即停止施工并采取应急措施，排除险情后，方可继续施工。

(2) 监理单位对高大模板支撑系统的搭设、拆除及混凝土浇筑实施巡视检查，发现安全隐患应责令整改，对施工单位拒不整改或拒不停止施工的，应当及时向建设单位报告。

(3) 建设主管部门及监督机构应将高大模板支撑系统作为建设工程安全监督重点，加强对方案审核论证、验收、检查、监控程序的监督。

八、《关于做好住宅工程质量分户验收工作的通知》(建质［2009］291号)

为进一步加强住宅工程质量管理，落实住宅工程参建各方主体质量责任，提高住宅工程质量水平，住房和城乡建设部于2009年12月22日印发了《关于做好住宅工程质量分户验收工作的通知》。

通知所称的住宅工程质量分户验收（以下简称分户验收），是指建设单位组织施工、监理等单位，在住宅工程各检验批、分项、分部工程验收合格的基础上，在住宅工程竣工验收前，依据国家有关工程质量验收标准，对每户住宅及相关公共部位的观感质量和使用功能等进行检查验收，并出具验收合格证明的活动。

(一) 分户验收的内容

(1) 地面、墙面和顶棚质量；

(2) 门窗质量；

(3) 栏杆、护栏质量；

(4) 防水工程质量；

(5) 室内主要空间尺寸；

(6) 给水排水系统安装质量；

(7) 室内电气工程安装质量；

(8) 建筑节能和采暖工程质量；

(9) 有关合同中规定的其他内容。

分户验收的依据为国家现行有关工程建设标准。主要包括住宅建筑规范、混凝土结构工程施工质量验收、砌体工程施工质量验收、建筑装饰装修工程施工质量验收、建筑地面工程施工质量验收、建筑给水排水及采暖工程施工质量验收、建筑电气工程施工质量验收、建筑节能工程施工质量验收、智能建筑工程质量验收、屋面工程质量验收、地下防水工程质量验收等标准规范，以及经审查合格的施工图设计文件。

(二) 分户验收的程序

(1) 根据分户验收的内容和住宅工程的具体情况确定检查部位、数量；

(2) 按照国家现行有关标准规定的方法，以及分户验收的内容适时进行检查；

(3) 每户住宅和规定的公共部位验收完毕，应填写《住宅工程质量分户验收表》(见附件)，建设单位和施工单位项目负责人、监理单位项目总监理工程师分别签字；

(4) 分户验收合格后，建设单位必须按户出具《住宅工程质量分户验收表》，并作为《住宅质量保证书》的附件，一同交给住户。

分户验收不合格，不能进行住宅工程整体竣工验收。同时，住宅工程整体竣工验收前，施工单位应制作工程标牌，将工程名称、竣工日期和建设、勘察、设计、施工、监理单位全称镶嵌在该建筑工程外墙的显著部位。

分户验收由施工单位提出申请，建设单位组织实施，施工单位项目负责人、监理单位项目总监理工程师及相关质量、技术人员参加，对所涉及的部位、数量按分户验收内容进行检查验收。已经预选物业公司的项目，物业公司应当派人参加分户验收。

建设、施工、监理等单位严格履行分户验收职责，对分户验收的结论进行签认，不得简化分户验收程序。对于经检查不符合要求的，施工单位应及时进行返修，监理单位负责复查。返修完成后重新组织分户验收。

工程质量监督机构要加强对分户验收工作的监督检查，发现问题及时监督有关方面认真整改，确保分户验收工作质量。对在分户验收中弄虚作假、降低标准或将不合格工程按合格工程验收的，依法对有关单位和责任人进行处罚，并纳入不良行为记录。

各地住房城乡建设主管部门应结合本地实际，制定分户验收实施细则或管理办法，明确提高住宅工程质量的工作目标和任务，突出重点和关键环节，尤其在保障性住房中应全面推行分户验收制度，把分户验收工作落到实处，确保住宅工程结构安全和使用功能质量，促进提高住宅工程质量总体水平。

附件：《住宅工程质量分户验收表》(表 1-4)

住宅工程质量分户验收表 **表 1-4**

工程名称			房（户）号	
建设单位			验收日期	
施工单位			监理单位	
序号	验收项目	主要验收内容	验收记录	
1	楼地面、墙面和顶棚	地面裂缝、空鼓、材料环保性能，墙面和顶棚爆灰、空鼓、裂缝，装饰图案、缝格、色泽、表面洁净		
2	门窗	窗台高度、渗水、门窗启闭、玻璃安装		

续表

序号	验收项目	主要验收内容	验收记录
3	栏杆	栏杆高度、间距、安装牢固、防攀爬措施	
4	防水工程	屋面渗水、厨卫间渗水、阳台地面渗水、外墙渗水	
5	室内主要空间尺寸	开间净尺寸、室内净高	
6	给排水工程	管道渗水、管道坡向、安装固定、地漏水封、给水口位置	
7	电气工程	接地、相位、控制箱配置，开关、插座位置	
8	建筑节能	保温层厚度、固定措施	
9	其他	烟道、通风道、邮政信报箱等	

分户验收结论：

建设单位	施工单位	监理单位	物业或其他单位
项目负责人： 验收人员： 年 月 日	项目经理： 验收人员： 年 月 日	总监理工程师： 验收人员： 年 月 日	项目负责人： 验收人员： 年 月 日

九、关于贯彻实施《民用建筑节能条例》的通知（建科［2008］221号）

《民用建筑节能条例》（以下简称《条例》）已于2008年10月1日开始施行。为切实做好《条例》的贯彻实施工作，住房和城乡建设部、国家发展和改革委员会、财政部、国务院法制办公室于2008年12月4日联合发出通知。要求：

一、充分认识贯彻《条例》的重要意义，认真组织宣传学习；

二、抓紧完善《条例》配套政策和制度；

三、认真做好《条例》的贯彻落实，要求重点抓好新建建筑节能。把新建建筑执行民用建筑节能强制性标准纳入建筑工程全过程监管。对不符合民用建筑节能强制性标准的，有关部门不得颁发建设工程规划许可证，不得颁发施工许可证，不得出具竣工验收合格报告。积极稳妥推进既有建筑节能改造。切实做好建筑用能系统运行节能；

四、切实做好《条例》贯彻落实情况的监督检查；

五、加强《条例》贯彻实施工作的组织领导。

十、关于印发《民用建筑节能工程质量监督工作导则》的通知（建质［2008］19号）

为了加强建筑节能管理工作，保证建筑节能工程质量，住房和城乡建设部于2008年

1 月 29 日发布了《民用建筑节能工程质量监督工作导则》，(以下简称导则)。《导则》共 7 个部分，分别提出了详细的质量监督要求。

(一) 总则

本导则适用于新建、改建、扩建民用建筑节能工程的质量监督工作。本导则所称民用建筑是指居住建筑和公共建筑。

质量监督机构应采取抽查建筑节能工程的实体质量和相关工程质量控制资料的方法，督促各方责任主体履行质量责任，确保工程质量。重点是监督检查、抽查建筑节能工程有关措施及落实情况，质量控制资料及相关产品的节能要求指标，加强事前控制，把检查各责任主体的节能工作行为放在首位。

质量监督机构应根据本地区民用建筑节能工程情况制定监督工作方案。

(二) 施工前期准备阶段的监督抽查内容

(1) 建筑节能工程施工图设计文件审查情况。

(2) 建筑节能工程施工图设计文件审查备案情况。

(3) 涉及建筑节能效果的设计变更重新报审和建设、监理单位确认情况。

(4) 建筑节能工程施工专项方案及建筑节能监理规划和实施细则编制、审批情况。

(5) 建筑节能专业施工人员岗前培训及技术交底情况。

(6) 建设、设计、施工（含分包)、监理等各方责任主体单位对建筑节能示范样板的确认情况。

(三) 施工过程的监督抽查内容

1. 材料、构配件和设备质量

(1) 主要材料、构配件和设备的规格、型号、性能与设计文件要求是否相符。

(2) 主要材料、构配件和设备的合格证、中文说明书、形式检验报告、定型产品和成套技术应用形式检验报告、进场验收记录、见证取样送检复试报告的核查情况。

(3) 监理工程师对材料、构配件和设备的进场验收签认情况。

(4) 监督机构对建筑节能材料质量产生质疑时，监督机构应对建筑节能材料按一定比例委托具有相应资质的检测单位进行检测。

2. 墙体节能工程

(1) 基层表面空鼓、开裂、松动、风化及平整度及妨碍粘结的附着物的处理。

(2) 保温层施工应结合不同工程做法根据规范规定，由各地制定监督抽查内容，重点对保温、牢固、开裂、渗漏、耐久性、防火等性能进行抽查。

(3) 雨水管卡具、女儿墙、分隔缝、变形缝、挑梁、连梁、壁柱、空调板、空调管洞、门窗洞口等易产生热桥部位保温措施。

(4) 施工产生的墙体缺陷（如穿墙套管、脚手眼、孔洞等）处理。

(5) 不同材料基体交接处、容易碰撞的阳角及门窗洞口转角处等特殊部位的保温层防止开裂和破损的加强措施。

(6) 隔汽层构造处理、穿透隔汽层处密封措施、隔汽层冷凝水排水构造处理。

3. 非采暖公共间节能工程

非采暖公共间（如普通住宅楼梯间、高层住宅疏散楼梯间、电梯前室、公共通道、公共大堂大厅、地下室等）按图施工情况。

4. 幕墙节能工程

（1）幕墙工程热桥部位的隔断热桥措施。

（2）幕墙与周边墙体间的缝隙处理。

（3）建筑伸缩缝、沉降缝、抗震缝等变形缝的保温密封处理。

（4）遮阳设施的安装。

5. 门窗节能工程

（1）外门窗框或副框与洞口、外门窗框与副框之间的间隙处理。

（2）金属外门窗隔断热桥措施及金属副框隔断热桥措施。

（3）严寒、寒冷、夏热冬冷地区建筑外窗气密性现场实体检验情况。

（4）严寒、寒冷地区的外门安装及特种门安装的节能措施。

（5）外门窗遮阳设施的安装。

（6）天窗安装位置、坡度、密封节能措施。

（7）门窗扇密封条的安装、镶嵌、接头处理。

（8）门窗镀（贴）膜玻璃的安装方向及中空玻璃均压管密封及中空玻璃露点复检情况。

6. 屋面节能工程

（1）屋面保温、隔热层铺设质量、厚度控制。

（2）屋面保温、隔热层的平整度、坡向、细部及屋面热桥部位的保温隔热措施。

（3）屋面隔汽层位置、铺设方式及密封措施。

7. 地面节能工程

（1）基层处理的质量。

（2）地面保温层、隔离层、防潮层、保护层等各层的设置和构造做法以及保温层的厚度。

（3）地面节能工程的保温板与基层之间、各构造层的粘结及缝隙处理。

（4）穿越地面直接接触室外空气的各种金属管道的隔断热桥保温措施。

（5）严寒、寒冷地区的建筑首层直接与土壤接触的地面、采暖地下室与土壤接触的外墙、毗邻不采暖空间的地面及底面直接接触室外空气的地面等隔断热桥保温措施。

8. 采暖节能工程

（1）采暖系统安装应抽查以下内容：

1）采暖系统的制式及安装；

2）散热设备、阀门与过滤器、温度计及仪表安装；

3）系统各分支管路水力平衡装置安装及调试的情况；

4）分室（区）热量计量设施安装和调试的情况；

5）散热器恒温阀的安装。

（2）采暖系统热力入口装置的安装应抽查以下内容：

1）热力入口装置的选型；

2）热计量装置的安装和调试的情况；

3）水力平衡装置的安装及调试的情况；

4）过滤器、压力表、温度计及各种阀门的安装。

（3）采暖管道的保温层、防水层施工。

（4）采暖系统安装完成后的系统试运转和调试。

9. 通风与空调节能工程

（1）通风与空调节能工程中的送、排风系统、空调风系统、空调水系统的安装应抽查以下内容：

1）各系统的制式及其安装；

2）各种设备、自控阀门与仪表安装；

3）水系统各分支管路水力平衡装置安装及调试的情况；

4）空调系统分栋、分户、分室（区）冷、热计量设备安装。

（2）风管的制作与安装应抽查以下内容：

1）风管严密性及风管系统的严密性检测；

2）风管与部件、风管与土建风道及风管间的连接；

3）需要绝热的风管与金属支架的接触处、复合风管及需要绝热的非金属风管的连接和加固等处的冷桥处理。

（3）各种空调机组的安装、与风管连接的情况及现场组装的组合式空调机组各功能段之间连接检测。

（4）风机盘管机组的选型及安装和调试的情况。

（5）空调与通风系统中风机的选型及安装。

（6）带热回收功能的双向换气装置和集中排风系统中的排风热回收装置选型及安装。

（7）空调机组回水管上的电动两通调节阀、风机盘管机组回水管上的电动两通（调节）阀、空调冷热水系统中的水力平衡装置、冷（热）量计量装置等自控阀门与仪表的选型及安装。

（8）风管和空调水系统管道隔热层、防潮层选材。

（9）空调水系统的冷热水管道及配件与支、吊架之间绝热衬垫安装和冷桥隔断的措施。

（10）通风与空调系统安装完毕后的通风机和空调机组等设备的单机试运转和调试及通风空调系统无生产负荷下的联合试运转和调试检测。

10. 空调与采暖系统冷热源及管网节能工程

（1）空调与采暖系统冷热源设备和辅助设备及其管网系统的安装。

（2）空调冷热源水系统管道及配件绝热层和防潮层的施工情况。

（3）空调与采暖系统冷热源和辅助设备及其管道和管网系统安装完毕后的系统试运转及调试情况。

11. 配电与照明节能工程

（1）锅炉房动力用电、冷却塔水泵用电和照明用电计量设备安装。

（2）住宅公共部分和公共建筑照明的高效光源、高效灯具和节能控制装置安装。

（3）水泵、风机等设备的节能装置安装。

（4）低压配电系统及照明系统检测。

12. 监测与控制节能工程

（1）监测与自动控制系统的安装、调试和联动情况。

（2）监测和自动控制系统与空调、采暖、配电和照明等系统联动运行、监测情况。

13. 施工过程中的检测和试验

(1) 施工过程中是否按相关规范规定进行了各项测试、试验。

(2) 测试、试验的批次、数量是否符合要求。

(3) 测试、试验的结果是否满足设计要求。

(四) 质量问题的处理

(1) 监督检查发现违反规范规程的一般问题，应当下达《责令整改通知书》，并督促责任单位落实整改。

(2) 监督检查时发现违反规范规程中“强制性条文”的、没有进行施工图设计文件审查的、不按审查合格的设计文件施工的、没有进行建筑节能专项备案的、建筑节能设计变更未进行复审和备案的、没有建筑节能专项施工方案的、没有做建筑节能工程施工示范样板的，应当下达《责令暂停施工通知书》，经整改复查合格后，方可复工。

(3) 对在监督检查中发现的严重质量违规行为，监督机构应报告建设行政主管部门，由建设行政主管部门按有关法律、法规进行查处。

(五) 建筑节能工程竣工分部质量验收的监督

(1) 建筑节能工程验收应满足以下条件：

1) 施工单位出具的建筑节能工程分部质量验收报告，建筑围护结构的外墙节能构造实体检验，严寒、寒冷和夏热冬冷地区的外窗气密性现场实体检测，采暖、通风与空调、照明系统检测资料等合格证明文件，以及施工过程中发现的质量问题整改报告等；

2) 检查建筑节能分部工程重点部位隐蔽验收记录和相关图像资料；

3) 检查相关节能分部工程检验批、分项工程、子分部工程验收合格标准及合格依据，以及检验批和分项工程的划分；

4) 设计单位出具的建筑节能工程质量检查报告；

5) 监理单位出具的建筑节能工程质量评估报告。

(2) 监督机构应对验收组成员组成及节能验收程序进行监督。

(3) 监督机构应对节能工程实体质量进行抽测、对观感质量进行检查。

(4) 节能工程竣工验收监督的记录应包括下列内容：

1) 对节能工程建设强制性标准执行情况的评价；

2) 对节能工程观感质量检查验收的评价；

3) 对节能工程验收的组织及程序的评价；

4) 对节能工程验收报告的评价。

导则对工程质量监督报告的内容、建筑节能工程质量监督档案等都作了具体规定。

十一、《关于做好房屋建筑和市政基础设施工程质量事故报告和调查处理工作的通知》(建质 2010 年 111 号)

为维护国家财产和人民生命财产安全，落实工程质量事故责任追究制度，根据《生产安全事故报告和调查处理条例》和《建设工程质量管理条例》，住房和城乡建设部 2010 年 7 月 20 日就规范、做好房屋建筑和市政基础设施工程质量事故报告与调查处理工作发出通知。通知分工程质量事故、事故等级划分、事故报告、事故调查、事故处理、其他要求等 6 个方面。

该通知所称的工程质量事故，是指由于建设、勘察、设计、施工、监理等单位违反工程质量有关法律法规和工程建设标准，使工程产生结构安全、重要使用功能等方面的质量缺陷，造成人身伤亡或者重大经济损失的事故。

根据工程质量事故造成的人员伤亡或者直接经济损失，将事故等级划分为 4 个等级：

（1）特别重大事故，是指造成 30 人以上死亡，或者 100 人以上重伤，或者 1 亿元以上直接经济损失的事故；

（2）重大事故，是指造成 10 人以上 30 人以下死亡，或者 50 人以上 100 人以下重伤，或者 5000 万元以上 1 亿元以下直接经济损失的事故；

（3）较大事故，是指造成 3 人以上 10 人以下死亡，或者 10 人以上 50 人以下重伤，或者 1000 万元以上 5000 万元以下直接经济损失的事故；

（4）一般事故，是指造成 3 人以下死亡，或者 10 人以下重伤，或者 100 万元以上 1000 万元以下直接经济损失的事故。

本等级划分所称的“以上”包括本数，所称的“以下”不包括本数。

工程质量事故发生后，事故现场有关人员应当立即向工程建设单位负责人报告；工程建设单位负责人接到报告后，应于 1h 内向事故发生地县级以上人民政府住房和城乡建设主管部门及有关部门报告。情况紧急时，事故现场有关人员可直接向事故发生地县级以上人民政府住房和城乡建设主管部门报告。

住房和城乡建设主管部门接到事故报告后，应当依照有关规定上报事故情况，并同时通知公安、监察机关等有关部门。

事故报告应包括下列 6 个方面内容：

（1）事故发生的时间、地点、工程项目名称、工程各参建单位名称；

（2）事故发生的简要经过、伤亡人数（包括下落不明的人数）和初步估计的直接经济损失；

（3）事故的初步原因；

（4）事故发生后采取的措施及事故控制情况；

（5）事故报告单位、联系人及联系方式；

（6）其他应当报告的情况。

事故报告后出现新情况，以及事故发生之日起 30 日内伤亡人数发生变化的，应当及时补报。

该通知还就事故调查、事故处理以及其他要求作了规定。

十二、关于贯彻实施《房屋建筑和市政基础设施工程质量监督管理规定》的通知（建质 2010 年 159 号）

为全面贯彻实施《房屋建筑和市政基础设施工程质量监督管理规定》，进一步加强房屋建筑和市政基础设施工程质量监督管理工作，住房和城乡建设部 2010 年 9 月 30 日就有关事项发出通知。自本通知发布之日起，《工程质量监督工作导则》（建质［2003］162 号）同时废止。

通知要求要充分认识贯彻实施《规定》的重要意义、认真组织开展学习培训和宣传工作、抓紧完善相关配套制度和政策 、全面加强和改进工程质量监督工作、进一步强化工程质量监督队伍建设。

十三、《关于进一步加强建设工程施工现场消防安全工作的通知》（公消［2009］131号）

针对近期，一些地方建设工程施工现场接连发生火灾，给国家和人民生命财产带来了严重损失，造成了重大的社会影响。为深刻汲取火灾教训，确保建设工程施工现场消防安全，公安部、住房和城乡建设部于2009年3月25日，联合发出通知：要求严格按照《消防法》和有关法律、法规，加强对建设工程施工现场的管理，进一步强化对建设工程各方责任主体的监督管理力度，加强对建设工程施工现场的消防安全检查，督促建设工程各方责任主体特别是施工单位建立并落实消防安全责任制度，改善消防安全条件，重点做好以下五方面工作：

（一）保障施工现场具备以下消防安全条件

（1）施工现场要设置消防通道并确保畅通。建筑工地要满足消防车通行、停靠和作业要求。在建建筑内应设置标明楼梯间和出入口的临时醒目标志，视情安装楼梯间和出入口的临时照明，及时清理建筑垃圾和障碍物，规范材料堆放，保证发生火灾时，现场施工人员疏散和消防人员扑救快捷畅通。

（2）施工现场要按有关规定设置消防水源。应当在建设工程平地阶段按照总平面设计设置室外消火栓系统，并保持充足的管网压力和流量。根据在建工程施工进度，同步安装室内消火栓系统或设置临时消火栓，配备水枪水带，消防干管设置水泵接合器，满足施工现场火灾扑救的消防供水要求。

（3）施工现场应当配备必要的消防设施和灭火器材。施工现场的重点防火部位和在建高层建筑的各个楼层，应在明显和方便取用的地方配置适当数量的手提式灭火器、消防沙袋等消防器材。

（4）施工现场的办公、生活区与作业区应当分开设置，并保持安全距离；施工单位不得在尚未竣工的建筑物内设置员工集体宿舍。

（二）制定并落实各项消防安全管理制度和操作规程

施工单位应当在施工组织设计中编制消防安全技术措施和专项施工方案，并由专职安全管理人员进行现场监督。动用明火必须实行严格的消防安全管理，禁止在具有火灾、爆炸危险的场所使用明火；需要进行明火作业的，动火部门和人员应当按照用火管理制度办理审批手续，落实现场监护人，在确认无火灾、爆炸危险后方可动火施工；动火施工人员应当遵守消防安全规定，并落实相应的消防安全措施；易燃易爆危险物品和场所应有具体防火防爆措施；电焊、气焊、电工等特殊工种人员必须持证上岗；将容易发生火灾、一旦发生火灾后果严重的部位确定为重点防火部位，实行严格管理。

（三）加强施工现场人员消防安全教育培训

施工人员上岗前的安全培训应当包括以下消防内容：有关消防法规、消防安全制度和保障消防安全的操作规程，本岗位的火灾危险性和防火措施，有关消防设施的性能、灭火器材的使用方法，报火警、扑救初起火灾以及自救逃生的知识和技能等，保障施工现场人员具有相应的消防常识和逃生自救能力。

（四）落实防火检查，消除火灾隐患

施工单位应及时纠正违章操作行为，及时发现火灾隐患并采取防范、整改措施。国家、省级等重点工程的施工现场应当进行每日防火巡查，其他施工现场也应根据需要组织防火巡查。施工单位防火检查的内容应当包括：火灾隐患的整改情况以及防范措施的落实情况，疏散通道、消防车通道、消防水源情况，灭火器材配置及有效情况，用火、用电有无违章情况，重点工种人员及其他施工人员消防知识掌握情况，消防安全重点部位管理情况，易燃易爆危险物品和场所防火防爆措施落实情况，防火巡查落实情况等。

（五）加强初期火灾扑救和疏散演练

施工单位应当根据国家有关消防法规和建设工程安全生产法规的规定，建立施工现场消防组织，制定灭火和应急疏散预案，并至少每半年组织一次演练，提高施工人员及时报警、扑灭初期火灾和自救逃生能力。

各地建设主管部门要加强对辖区建设工程项目各方责任主体的监督管理，在对建设单位审核发放施工许可证时，应当对建设工程是否具备保障安全的具体措施进行审查，不具备条件的，不得颁发施工许可证。各地公安消防部门要加强对辖区内建设工程施工现场尤其是高层建筑施工现场的消防监督检查，对于不满足施工现场消防安全条件、施工现场消防安全责任制不落实的要依法督促整改。各地公安消防、建设主管部门要密切配合，建立协作机制，采取切实有效措施，最大限度地减少火灾，最大限度降低火灾危害，确保施工现场消防安全。

十四、《民用建筑外保温系统及外墙装饰防火暂行规定》（公通字［2009］46号）

为有效防止建筑外保温系统火灾事故，公安部、住房和城乡建设部于2009年9月25日联合制定了《民用建筑外保温系统及外墙装饰防火暂行规定》。规定分五章十三条。各章概述见表1-5。

《民用建筑外保温系统及外墙装饰防火暂行规定》一览表　　表1-5

<table>
<tr><th>序号</th><th>名称</th><th colspan="6">概　述</th></tr>
<tr><td>第一章</td><td>一般规定</td><td colspan="6">规定了适用范围、外保温材料的燃烧性能、执行本标准与执行其他标准规范之间关系。
其中第二条规定民用建筑外保温材料的燃烧性能宜为A级，且不应低于B2级</td></tr>
<tr><td rowspan="7">第二章</td><td rowspan="7">墙体</td><td colspan="4">非幕墙式建筑</td><td colspan="2" rowspan="2">幕墙式建筑</td></tr>
<tr><td colspan="2">住宅建筑</td><td colspan="2">其他民用建筑</td></tr>
<tr><td>高度H</td><td>保温材料燃烧性能</td><td>高度H</td><td>保温材料燃烧性能</td><td>高度H</td><td>保温材料燃烧性能</td></tr>
<tr><td>$H\geqslant100m$</td><td>A</td><td>$H\geqslant50m$</td><td>A</td><td>$H\geqslant24m$</td><td>A</td></tr>
<tr><td>$100m>H\geqslant60m$</td><td>不应低于B2。采用B2级时，每层应设置水平防火隔离带</td><td>$50m>H\geqslant24m$</td><td>A或B1。采用B1级时，每两层应设置水平防火隔离带</td><td>$H<24m$</td><td>A或B1。采用B1级时，每层应设置水平防火隔离带</td></tr>
<tr><td>$60m>H\geqslant24m$</td><td>不应低于B2。采用B2级时，每两层应设置水平防火隔离带</td><td></td><td></td><td>防护层</td><td>采用不燃材料作防护层。防护层应将保温材料完全覆盖。防护层厚度不应小于3mm</td></tr>
</table>

续表

<table>
<tr><th>序号</th><th>名称</th><th colspan="6">概　述</th></tr>
<tr><td rowspan="3">第二章</td><td rowspan="3">墙体</td><td>$H<24$m</td><td>不应低于 B2。采用 B2 级时，每三层应设置水平防火隔离带</td><td>$H<24$m</td><td>不应低于 B2。采用 B2 级时，每层应设置水平防火隔离带</td><td rowspan="3">基层墙体</td><td>采用金属、石材等非透明幕墙结构的建筑，应设置基层墙体，其耐火极限应符合现行防火规范关于外墙耐火极限的有关规定；玻璃幕墙的窗间墙、窗槛墙、裙墙的耐火极限和防火构造应符合现行防火规范关于建筑幕墙的有关规定。
基层墙体内部空腔及建筑幕墙与基层墙体、窗间墙、窗槛墙及裙墙之间的空间，应在每层楼板处采用防火封堵材料封堵</td></tr>
<tr><td>防护层</td><td colspan="3">采用不燃或难燃材料作防护层。防护层应将保温材料完全覆盖。首层的防护层厚度不应小于 6mm，其他层不应小于 3mm</td><td rowspan="2">防火隔离带应沿楼板位置设置宽度不小于 300mm 的 A 级保温材料。防火隔离带与墙面应进行全面积粘贴。
建筑外墙的装饰层，除采用涂料外，应采用不燃材料</td></tr>
<tr><td>基层墙体</td><td colspan="3">采用外墙外保温系统的建筑，其基层墙体耐火极限应符合现行防火规范的有关规定</td></tr>
<tr><td>第三章</td><td>屋顶</td><td colspan="6">对于屋顶基层采用耐火极限不小于 1.00h 的不燃烧体的建筑，其屋顶的保温材料不应低于 B2 级；其他情况，保温材料的燃烧性能不应低于 B1 级。
屋顶与外墙交界处、屋顶开口部位四周的保温层，应采用宽度不小于 500mm 的 A 级保温材料设置水平防火隔离带。
屋顶防水层或可燃保温层应采用不燃材料进行覆盖</td></tr>
<tr><td>第四章</td><td>金属夹芯复合板材</td><td colspan="6">用于临时性居住建筑的金属夹芯复合板材，其芯材应采用不燃或难燃保温材料</td></tr>
<tr><td>第五章</td><td>施工及使用的防火规定</td><td colspan="6">建筑外保温系统的施工应符合下列规定：
（一）保温材料进场后，应远离火源。露天存放时，应采用不燃材料完全覆盖。
（二）需要采取防火构造措施的外保温材料，其防火隔离带的施工应与保温材料的施工同步进行。
（三）可燃、难燃保温材料的施工应分区段进行，各区段应保持足够的防火间距，并宜做到边固定保温材料边涂抹防护层。未涂抹防护层的外保温材料高度不应超过 3 层。
（四）幕墙的支撑构件和空调机等设施的支撑构件，其电焊等工序应在保温材料铺设前进行。确需在保温材料铺设后进行的，应在电焊部位的周围及底部铺设防火毯等防火保护措施。
（五）不得直接在可燃保温材料上进行防水材料的热熔、热粘结法施工。
（六）施工用照明等高温设备靠近可燃保温材料时，应采取可靠的防火保护措施。
（七）聚氨酯等保温材料进行现场发泡作业时，应避开高温环境。施工工艺、工具及服装等应采取防静电措施。
（八）施工现场应设置室内外临时消火栓系统，并满足施工现场火灾扑救的消防供水要求。
（九）外保温工程施工作业工位应配备足够的消防灭火器材。
建筑外保温系统的日常使用应符合下列规定：
（一）与外墙和屋顶相贴邻的竖井、凹槽、平台等，不应堆放可燃物。
（二）火源、热源等火灾危险源与外墙、屋顶应保持一定的安全距离，并应加强对火源、热源的管理。
（三）不宜在采用外保温材料的墙面和屋顶上进行焊接、钻孔等施工作业。确需施工作业的，应采取可靠的防火保护措施，并应在施工完成后，及时将裸露的外保温材料进行防护处理。
（四）电气线路不应穿过可燃外保温材料。确需穿过时，应采取穿管等防火保护措施</td></tr>
</table>

十五、《关于进一步明确民用建筑外保温材料消防监督管理有关要求的通知》(公消［2011］65号)

针对近年来，南京中环国际广场、哈尔滨经纬360度双子星大厦、济南奥体中心、北京央视新址附属文化中心、上海胶州教师公寓、沈阳皇朝万鑫大厦等相继发生建筑外保温材料火灾，造成严重人员伤亡和财产损失，建筑易燃可燃外保温材料已成为一类新的火灾隐患，由此引发的火灾已呈多发势头。为深刻吸取火灾事故教训，认真贯彻落实中央领导同志重要批示精神，公安部、住房和城乡建设部正在修订有关标准、规定。在新标准、规定发布前，本着对国家和人民生命财产安全高度负责的态度，为遏制当前建筑易燃可燃外保温材料火灾高发的势头，把好火灾防控源头关，公安部消防局就进一步明确民用建筑外保温材料消防监督管理的有关要求，于2011年3月14日通知。

将民用建筑外保温材料纳入建设工程消防设计审核、消防验收和备案抽查范围。凡建设工程消防设计审核和消防验收范围内的设有外保温材料的民用建筑，均应将建筑外保温材料的燃烧性能纳入审核和验收内容。对于《建设工程消防监督管理规定》(公安部令第106号)第十三条、第十四条规定范围以外设有外保温材料的民用建筑，全部纳入抽查范围。在新标准发布前，从严执行《民用建筑外保温系统及外墙装饰防火暂行规定》(公通字［2009］46号)第二条规定，民用建筑外保温材料采用燃烧性能为A级的材料。

加强民用建筑外保温材料的消防监督管理。2011年3月15日起，各地受理的建设工程消防设计审核和消防验收申报项目，应严格执行本通知要求。对已经审批同意的在建工程，如建筑外保温采用易燃、可燃材料的，应提请政府组织有关主管部门督促建设单位拆除易燃、可燃保温材料；对已经审批同意但尚未开工的建设工程，建筑外保温采用易燃、可燃材料的，应督促建设单位更改设计、选用不燃材料，重新报审。

十六、《关于贯彻落实国务院关于加强和改进消防工作的意见的通知》(建科［2012］16号)

为贯彻落实国务院《关于加强和改进消防工作的意见》(国发［2011］46号)，住房和城乡建设部于二〇一二年二月十日发出通知，提出六个方面的要求。

(一) 认真学习，准确把握

各地住房城乡建设主管部门要及时组织工程建设、设计、施工、监理等单位认真学习国务院《关于加强和改进消防工作的意见》，准确理解和把握有关规定，切实落实各项要求。严格执行现行有关标准规范和公安部、住房城乡建设部联合印发的《民用建筑外墙保温系统及外墙装饰防火暂行规定》(公通字［2009］46号)，加强建筑工程的消防安全管理，防患未然，减少火灾事故。

(二) 加强新建建筑监管

要严格执行《民用建筑外墙保温系统及外墙装饰防火暂行规定》中关于保温材料燃烧性能的规定，特别是采用B1和B2级保温材料时，应按照规定设置防火隔离带。各地可在严格执行现行国家标准规范和有关规定的基础上，结合实际情况制定新建建筑节能保温工程的地方标准规范、管理办法，细化技术要求和管理措施，从材料、工艺、构造等环节提高外墙保温系统的防火性能和工程质量。

（三）加强已建成外墙保温工程的维护和管理

外墙采用有机保温材料（以下简称保温材料）且已投入使用的建筑工程，要按照现行标准规范和有关规定进行梳理、检查和整改。

（四）严格管理既有建筑节能改造工程

对既有民用建筑进行节能改造时，公共建筑在营业、使用期间不得进行外保温材料施工作业，居住建筑进行节能改造作业期间应撤离居住人员，并安排专人进行消防安全巡逻，严格分离用火用焊作业与保温施工作业。要督促施工单位切实落实现场消防安全管理主体责任。改造施工前，施工单位应编制施工消防工作方案，对居住人员进行有针对性的消防宣传教育和疏散演练，在建筑内安装火灾警报装置；施工期间，施工单位要有专人值守，一旦发生火情立即处置。

（五）强化建筑工地消防安全管理

要严格按照《建设工程施工现场消防安全技术规范》等有关标准规范、公安部和住房城乡建设部联合印发的《关于进一步加强建设工程施工现场消防安全工作的通知》（公消［2009］131号）以及有关质量管理的规定，加强施工现场和建筑保温材料的监督管理。

（1）保温材料的燃烧性能等级要符合标准规范要求，并应进行现场抽样检验。保温材料进场后，要远离火源。露天存放时，应采用不燃材料安全覆盖，或将保温材料涂抹防护层后再进入施工现场。严禁使用不符合国家现行标准规范规定以及没有产品标准的外墙保温材料。

（2）严格施工过程管理。各类节能保温工程要严格按照设计进行施工，按规定设置防火隔离带和防护层。动火作业要安排在节能保温施工作业之前，保温材料的施工要分区段进行，各区段应保持足够的防火间距。未涂抹防护层的保温材料的裸露施工高度不能超过3个楼层，并做到及时覆盖，减少保温材料的裸露面积和时间，减少火灾隐患。

（3）严格动火操作人员的管理。动用明火必须实行严格的消防安全管理，动火部门和人员应当按照用火管理制度办理相应手续，电焊、气焊、电工等特殊工种人员必须持证上岗。施工现场应配备灭火器材。动火作业前应对现场的可燃物进行清理，并安排动火监护人员进行现场监护；动火作业后，应检查现场，确认无火灾隐患后，动火操作人员方可离开。

（六）各地住房城乡建设部门要加强对建筑保温材料的监管

积极组织和支持科研和企事业单位研发防火、隔热等性能良好、均衡的外墙保温材料及系统，特别是燃烧时无有害气体产生、发烟量低的外墙保温材料。对具备推广应用条件的材料和技术要积极组织推广应用。要加强相关标准规范的编制和完善工作，组织做好相关管理和技术、施工人员的教育培训。

各地住房城乡建设主管部门要加强对辖区内建设工程项目各方责任主体的监督管理，在施工图设计审查时要严格按照本通知第二条规定执行，在对建设单位审核发放施工许可证时，应当对建设工程是否具备保障安全的具体措施进行审查，不具备条件的不得颁发施工许可证。要积极配合公安消防部门加强对辖区内建设工程施工现场的消防监督检查，对于不具备施工现场消防安全防护条件、施工现场消防安全责任制不落实的建设工程要依法督促整改。

第二章　房屋建筑标准

近年来，我国对有关安全技术和施工质量验收规范作了修订。这些规范是开展监理工作的重要依据。

本章将与房屋建筑工程有关的安全技术和施工质量验收规范分成土建工程施工质量验收规范、安装工程施工质量验收规范以及安全技术三部分作介绍。

第一节　土建工程施工质量验收规范

一、《砌体结构工程施工质量验收规范》GB 50203—2011

（一）主要内容

本规范适用于建筑工程的砖、石、小砌块等砌体结构工程的施工质量验收，不适用于铁路、公路和水利工程等砌体工程。

本规范分 11 章，3 个附录，共 162 条，其中强制性条文 12 条。

本规范规定了砖砌体、混凝土小型空心砌块砌体、石砌体、配筋砌体以及填充墙砌体等分项工程、子分部工程施工质量验收的内容。对砌体工程所用原材料、砌筑质量的验收方法和内容提出了要求。

（二）各章概述

为便于学习，编制了《砌体结构工程施工质量验收规范》一览表，见表 2-1。

《砌体结构工程施工质量验收规范》一览表　　**表 2-1**

序号	名称	内容			概述
		条目（条）	一般要求（条）	强制性条文（条）	
第一章	总则	5	5	0	编制目的、适用范围、各项规定的严格程度，执行本规范与执行其他标准之间的关系
第二章	术语	15	15	0	
第三章	基本规定	24	24	0	对砌体结构工程所用的原材料、施工过程的质量
第四章	砌筑砂浆	13	12	1	对砌筑砂浆中水泥、砂、粉煤灰、建筑生石灰、建筑生石灰粉、石灰膏以及水等原材料质量提出要求；对砂浆配合比设计和使用要求以及砂浆试块强度验收标准、抽检数量、检验方法作了规定。 其中 4.0.1 条为强制性条文

续表

序号	名称	内容			概述
		条目（条）	一般要求（条）	强制性条文（条）	
第五章	砖砌体工程	21	19	2	规定了本章的适用范围，对砖砌体的砌筑要求作了规定；在主控项目中，对砖和砂浆的抽检数量、灰缝砂浆饱满程度、墙体交接的砌筑提出了要求；在一般项目中，对砌体组砌方法、灰缝砌体尺寸及偏差提出了要求。 其中 5.2.1 和 5.2.3 条为强制性条文
第六章	混凝土小型空心砌块砌体工程	22	18	4	规定了本章的适用范围，对混凝土小型空心砌块的砌筑要求作了规定；在主控项目中，对小砌块及砌筑砂浆以及墙体交接处的砌筑提出了要求；在一般项目中，对灰缝、砌体尺寸及偏差提出了要求。 其中 6.1.8、6.1.10、6.2.1、6.2.3 条为强制性条文
第七章	石砌体工程	17	15	2	规定了本章的适用范围，对石材及砌筑要求作了规定；在主控项目中，对石材及砂浆的检验数量和检验方法提出了要求；在一般项目中，对石砌体的组砌形式、尺寸和数量偏差提出了要求。 其中 7.1.10、7.2.1 条为强制性条文
第八章	配筋砌体工程	11	9	2	对配筋砌体的基本要求作了规定；在主控项目中，对配筋砌体材料的抽检数量和检验方法作了规定，对墙、构造柱的连接和受力钢筋的连接提出了要求；在一般项目中，对砌体中配筋、构造柱尺寸允许偏差提出了要求。 其中 8.2.1、8.2.2 条为强制性条文
第九章	填充墙砌体工程	17	17	0	规定了本章的适用范围，对不同填充墙的材质及砌筑要求作了规定；在主控项目中，对不同材质的块材和砂浆的抽检数量和检验方法提出了要求；在一般项目中，对填充墙的尺寸、位置偏差、砂浆饱满度、拉结筋的数量等的验收方法作了规定
第十章	冬期施工	13	12	1	对冬期施工的原材料、砌筑要求等作了规定。 其中 10.0.4 条为强制性条文
第十一章	子分部工程验收	4	4	0	对砌体工程验收前的文件和记录提出了要求，对有质量缺陷的砌体工程验收作了规定
合计		162	150	12	

（三）强制性条文

（1）水泥使用应符合下列规定：

1）水泥进场时应对其品种、等级、包装或散装仓号、出厂日期等进行检查，并应对其强度、安定性进行复验，其质量必须符合现行国家标准《通用硅酸盐水泥》GB175 的有关规定。

2）当在使用中对水泥质量有怀疑或水泥出厂超过三个月（快硬硅酸盐水泥超过一个月）时，应复查试验，并按复验结果使用。（条文 4.0.1）

（2）砖和砂浆的强度等级必须符合设计要求。（条文 5.2.1）

（3）砖砌体的转角处和交接处应同时砌筑，严禁无可靠措施的内外墙分砌施工。在抗震设防裂度为 8 度及 8 度以上地区，对不能同时砌筑又必须留置的临时间断处应砌成斜槎，普通砖砌体斜槎水平投影长度不应小于高度的 2/3，多孔砖砌体的斜槎长高比不应小于 1/2。斜槎高度不得超过一步脚手架的高度。（条文 5.2.3）

（4）承重墙体使用的小砌块应完整、无破损、无裂缝。（条文 6.1.8）

（5）小砌块应将生产时的底面朝上反砌于墙上。（条文 6.1.10）

（6）小砌块和芯柱混凝土、砌筑砂浆的强度等级必须符合设计要求。（条文 6.2.1）

（7）墙体转角处和纵横交接处应同时砌筑。临时间断处应砌成斜槎，斜槎水平投影长度不应小于斜槎高度。施工洞口可预留直槎，但在洞口砌筑和补砌时，应在直槎上下塔砌的小砌块孔洞内用强度等级不低于 C20（或 Cb20）的混凝土灌实。（条文 6.2.3）

（8）挡土墙的泄水孔当设计无规定时，施工应符合下列规定：

1）泄水孔应均匀设置，在每米高度上间隔 2m 左右设置一个泄水孔；

2）泄水孔与土体间铺设长宽各为 300mm、厚 200mm 的卵石或碎石作疏水层。（条文 7.1.10）

（9）石材及砂浆强度等级必须符合设计要求。（条文 7.2.1）

（10）钢筋的品种、规格、数量和设置部位应符合设计要求。（条文 8.2.1）

（11）构造柱、芯柱、组合砌体构件、配筋砌体剪力墙构件的混凝土及砂浆的强度等级应符合设计要求。（条文 8.2.2）

（12）冬期施工所用材料应符合下列规定：

1）石灰膏、电石膏等应防止受冻，如遭冻结，应该融化后使用；

2）拌制砂浆用砂，不得含有冰块和大于 10mm 的冻结块；

3）砌体用块体不得遭水浸冻。（条文 10.0.4）

二、《混凝土质量控制标准》GB 50164—2011

（一）主要内容

本标准适用于建设工程的普通混凝土质量控制。

本标准分 7 章、1 个附录，共 104 条，其中强制性条文 1 条。

本标准规定了混凝土原材料质量控制、混凝土性能要求、配合比控制以及生产与施工质量控制等内容。

对混凝土原材料、拌合物性能以及硬化混凝土性能的检验提出了要求。

（二）各章概述

为便于学习，编制了《混凝土质量控制标准》一览表，见表 2-2。

《混凝土质量控制标准》一览表　　表 2-2

序号	名称	内容			概述
		条目（条）	一般要求（条）	强制性条文（条）	
第一章	总则	3	3	0	编制目的、适用范围、执行本标准与执行其他标准之间关系
第二章	原材料质量控制	18	18	0	规定了水泥、粗骨料、细骨料、矿物掺合料、外加剂以及水等原材料的质量控制要求
第三章	混凝土性能要求	18	18	0	对混凝土拌合物的坍落度、维勃稠度和扩展度作了规定。 对混凝土拌合物的力学性能、长期性能和耐久性能提出了要求
第四章	配合比控制	4	4	0	对混凝土配合比设计作了规定
第五章	生产控制水平	5	5	0	对预拌混凝土的控制水平及统计周期作了规定
第六章	生产与施工质量控制	47	46	1	对混凝土拌合物的生产和浇筑成型的质量控制作了规定。 6.2～6.5 节 针对混凝土原材料进厂、计量、混凝土搅拌及运输提出了要求。 6.6、6.7 节 对混凝土的浇筑成型及养护提出了要求。 其中 6.1.2 条为强制性条文
第七章	混凝土质量检验	9	9	0	对混凝土原材料质量检验、混凝土拌合物性能检验以及硬化混凝土性能检验提出了要求
合计		104	103	1	

（三）强制性条文

混凝土拌合物在运输和浇筑成型过程中严禁加水。（条文 6.1.2）

三、《大体积混凝土施工规范》GB 50496—2009

（一）主要内容

本规范适用于工业与民用建筑混凝土结构工程中大体积混凝土的施工。本规范不适用于碾压混凝土和水工大体积混凝土工程的施工。

本规范分 6 章 3 个附录，共 86 条，其中强制性条文 2 条。

本规范规定了大体积混凝土原材料、配合比、制备及运输以及施工中模板工程、混凝土浇筑、养护及特殊气候条件下的施工等相关要求，对温控施工的现场监测的测点布置方式；测温元件的选择、安装及保护作了规定。

（二）各章概述

为便于学习，编制了《大体积混凝土施工规范》一览表，见表2-3。

《大体积混凝土施工规范》一览表 **表2-3**

序号	名称	内容			概述
		条目（条）	一般要求（条）	强制性条文（条）	
第一章	总则	3	3	0	编制目的、适用范围、执行本规范与执行其他标准的关系
第二章	术语、符号	19	19	0	
第三章	基本规定	5	5	0	对大体积混凝土工程施工应满足设计规范及生产工艺的要求和温控要求的规定
第四章	原材料、配合比、制备及运输	20	19	1	对大体积混凝土原材料、配合比设计以及混凝土制备及运输等要求的规定。 其中4.2.2条为强制性条文
第五章	混凝土施工	33	32	1	对大体积混凝土施工时，施工技术准备、模板和支架系统、安装拆除、混凝土浇筑养护以及特殊气候条件下的施工等要求作了规定。 其中5.3.2条为强制性条文
第六章	温控施工的现场监测与试验	6	6	0	对大体积混凝土工程温控施工的现场监测要求作了规定
合计		86	84	2	

（三）强制性条文

（1）水泥进场时应对水泥品种、强度等级、包装或散装仓号、出厂日期等进行检查，并应对其强度、安定性、凝结时间、水化热等性能指标及其他必要的性能指标进行复检。（条文4.2.2）

（2）模板和支架系统在安装、使用和拆除过程中，必须采取防倾覆的临时固定措施。（条文5.3.2）

四、《建筑结构加固工程施工质量验收规范》GB 50550—2010

（一）主要内容

本规范适用于混凝土结构、砌体结构和钢结构加固工程的施工过程控制和施工质量验收。

本规范分22章、22个附录，共436条，其中强制性条文34条。

本规范规定了建筑结构加固工程施工的基本规定、材料、混凝土构件增大截面工程、局部置换混凝土工程、混凝土构件绕丝工程、混凝土构件外加预应力工程、外粘或外包型钢工程、外粘纤维复合材工程、外粘钢板工程、钢丝绳网片外加聚合物砂浆面层工程、砌体或混凝土构件外加钢筋网—砂浆面层工程、砌体柱外加预应力撑杆工程、钢构件增大截面工程、钢构件焊缝补强工程、钢构件裂纹修复工程、混凝土及砌体裂缝修补工程、植筋工程、锚栓工程、灌浆工程、建筑结构加固工程竣工验收等内容。

(二) 各章概述

为便于学习，编制了《建筑结构加固工程施工质量验收规范》一览表，见表2-4。

《建筑结构加固工程施工质量验收规范》一览表 **表2-4**

序号	名称	内容			概述
		条目（条）	一般要求（条）	强制性条文（条）	
第一章	总则	4	4	0	编制目的、适用范围、各项规定的严格程序，执行本规范与执行其他标准之间的关系
第二章	术语	29	29	0	
第三章	基本规定	17	17	0	对建筑结构加固工程的质量管理、质量控制、安全措施、分项工程、检验批合格质量标准以及检验批分项工程、子分部工程、分部工程质量验收记录等要求作了规定
第四章	材料	54	39	15	对结构加固工程中的原材料（混凝土、钢材、焊接材料、结构胶粘剂，以及锚栓等）的质量要求及检查数量和检验方法作了规定
第五章	混凝土构件增大截面工程	19	17	2	其中4.1.1、4.1.2、4.2.1、4.2.2、4.2.3、4.2.5、4.2.6、4.3.1、4.4.1、4.4.5、4.5.1、4.5.2、4.7.1、4.9.2、4.11.1条为强制性条文。 规定了本章的适用范围，对混凝土构件增大截面施工质量检验要求作了规定。在主控项目中，对原构件混凝土界面处理，新增混凝土试块留置，浇筑质量缺陷评定，钢结构保护厚度允许偏差等提出了要求；在一般项目中，对混凝土浇筑后的养护、拆模后构件尺寸检查数量、检查方法以及允许偏差提出了要求。 其中5.3.2、5.4.2条为强制性条文
第六章	局部置换混凝土工程	22	21	1	规定了本章的适用范围，对置换混凝土的施工程序、混凝土的局部剔除及界面处理、置换混凝土的施工质量检验等要求作了规定。 在主控项目中，对被置换混凝土的剔除范围，新旧混凝土结合面的处理以及施工过程中的质量控制和产生质量缺陷的处理等提出了要求；在一般项目中；对混凝土浇筑后的养护措施，出现一般缺陷的处理方法及拆模后的尺寸偏差等提出了要求。 其中6.5.1条为强制性条文

续表

序号	名称	内容			概述
		条目（条）	一般要求（条）	强制性条文（条）	
第七章	混凝土构件绕丝工程	16	16	0	规定了本章的适用范围，对原混凝土构件界面处理、绕丝施工质量检验等要求作了规定。 在主控项目中，对原构件表面处理，界面胶的性能、绕丝的处理、尺寸偏差、保护层厚度等提出了要求。 在一般项目中，对表面处理质量检查、模板架设、混凝土浇筑后的养护、拆模后的允许偏差等提出了要求
第八章	混凝土构件外加预应力工程	18	17	1	规定了本章的适用范围，对外加预应力工程的制作与安装、预应力张拉施工以及施工质量检验等要求作了规定。 在主控项目中，对预应力拉杆的制作安装，机张法张拉时张拉力，张拉顺序和张拉工艺，锚固后预应力值与设计规定检验值的偏差等要求作了规定；在一般项目中，对预应力拉杆下料、埋件位置、预应力筋锚固后外露长度等要求作了规定。 其中 8.2.1 条为强制性条文
第九章	外粘或外包型钢工程	26	26	0	规定了本章的适用范围，对型钢骨架制作、安装、焊接、原混凝土界面处理、注胶（注浆）施工以及施工质量检验等提出要求。 在主控项目中，对型钢骨架制作安装尺寸及质量要求、混凝土界面打毛清理要求、胶粘剂的配制及施工要求，对注胶（注浆）质量检验要求等作了规定；在一般项目中，对混凝土截面棱角处理要求、粘钢时混凝土表面含水率要求，型钢安装及焊缝尺寸偏差要求及注胶（或注浆）后的养护要求等作了规定
第十章	外粘纤维复合料工程	18	17	1	规定了本章的适用范围。 对原混凝土界面处理、纤维材料粘贴施工质量检验等提出了要求。 在主控项目中，对粘贴纤维材料混凝土表面含水率要求，粘贴纤维材料胶涂刷和养护要求，纤维织物和预成型板粘贴步骤、粘贴材料与混凝土之间的粘贴质量、加固材料与基材混凝土的正拉粘贴强度要求等作了规定；在一般项目中，对底胶干时，未及时粘贴的处理、纤维复合材料粘贴位置允许偏差等要求作了规定。 其中 10.4.2 条为强制性条文

续表

序号	名称	内容			概述
		条目（条）	一般要求（条）	强制性条文（条）	
第十一章	外粘钢板工程	21	20	1	规定了本章的适用范围。 对原构件混凝土及加固钢板的界面处理、钢板粘贴施工质量的检验提出了要求。 在主控项目中，对粘合面表面要求，质量检验预布点工作、结构胶粘剂要求、粘贴后加压固定方法、粘贴质量检验方法等要求作了规定；在一般项目中，对粘贴位置的偏差、养护及胶层厚度等要求作了规定。 其中 11.4.2 条为强制性条文
第十二章	钢丝绳网片外加聚合物砂浆面层工程	22	19	3	规定了本章的适用范围。 对原构件界面处理、钢丝绳网片安装、聚合物砂浆面层施工质量检验提出了要求。 在主控项目中，对混凝土表面清理要求、网片安装要求、聚合物砂浆强度要求及试块的留置、喷抹砂浆施工方法、外观质量要求以及正控粘结强度要求等作了规定；在一般项目中，对网片位置偏差要求、聚合物砂浆喷抹后的养护要求、一般缺陷的检查和砂浆面层尺寸允许偏差要求等作了规定。 其中 12.4.1、12.5.1 和 12.5.3 条为强制性条文
第十三章	砌体或混凝土构件外加钢筋网—砂浆面层工程	19	16	3	规定了本章的适用范围。 对加固原构件界面处理、钢筋网安装及砂浆面层施工质量检验等提出了要求。 在主控项目中，钢筋网安装及砂浆面层施工方法、钢筋网片钢筋间距要求、砂浆面层浇筑或喷抹的外观质量要求、砂浆面层与基材界面粘结质量检验方法及要求等作了规定；在一般项目中，界面湿润、喷涂质量、外观一般缺陷的处理要求等作了规定。 其中 13.3.6、13.4.1、13.4.3 条为强制性条文
第十四章	砌体柱外加预应力撑杆工程	19	19	0	规定了本章的适用范围。 对原结构的界面处理、撑杆制作安装与张拉及施工质量检验提出了要求。 在主控项目中，对原结构界面清理要求、撑杆制作尺寸、安装与张拉应符合的要求等做了规定；在一般项目中，对界面平整度达不到要求的处理，钢部件连接加工及安装偏差等作了规定

续表

序号	名称	内容			概述
		条目（条）	一般要求（条）	强制性条文（条）	
第十五章	钢构件增大截面工程	32	29	3	规定了本章的适用范围。 对原构件的界面处理、新增钢部件的加工、安装和拼接施工及施工质量的检验提出了要求。 在主控项目中，对原构件加固部位的处理要求、螺栓连接钢结构加工要求、气割和机械剪切的允许偏差、安装拼接施工时不同连接方式的施工要求以及不同连接的质量检验要求等作了规定；在一般项目中，对边缘加工和螺栓孔距离的允许偏差、新增钢部件与原结构拼接允许的尺寸偏差以及焊接和螺栓连接质量检验要求等作了规定。 其中15.1.5、15.4.1、15.5.1条为强制性条文
第十六章	钢构件焊缝补强工程	15	14	1	规定了本章的适用范围。 对焊接表面处理、焊缝补强施工以及焊接质量检验等要求作了规定。 其中16.1.5条为强制性条文
第十七章	钢结构裂纹修复工程	9	9	0	规定了本章的适用范围。 对焊缝补强施工及质量检验要求作了规定
第十八章	混凝土及砌体裂缝修补工程	22	22	0	规定了本章的适用范围。 对原结构的界面处理、表面封闭法施工、柔性密封法施工、压力灌注法施工以及相应施工质量检验等提出了要求。 在主控项目中，对相关施工方法中的关键要求作了规定；在一般项目中，对界面含水率、纤维织物粘贴工艺、密封材料填充后的要求作了规定
第十九章	植筋工程	18	17	1	规定了本章的适用范围。 对植筋工程中的界面处理、植筋工程施工质量检验提出了要求。在主控项目中，对植筋孔洞要求和注胶要求作了规定；在一般项目中，对钢筋或螺杆要求以及植筋孔的尺寸偏差等作了规定。 其中19.4.1条文强制性条文
第二十章	锚栓工程	12	11	1	规定了本章的适用范围。 对锚栓安装施工质量检验要求作了规定。 其中20.3.1条文为强制性条文

续表

序号	名称	内容			概述
		条目（条）	一般要求（条）	强制性条文（条）	
第二十一章	灌浆工程	18	17	1	规定了本章的适用范围。 对施工图安全复查、原构件的界面处理、灌浆施工质量检验等提出了要求。 在主控项目中，对粘合面的处理、新增截面受力筋、预埋件等与原构件连接和安装质量要求、灌浆工程的模板、紧箍件及支架的设计与安装要求、灌浆料与细石混凝土的混合料的取样、制作、养护要求、灌浆工艺要求等作了规定；在一般项目中，对结构界面胶的涂刷方法及质量要求，混合料灌注完后的养护要求等作了规定。 其中21.4.3条文为强制性条文
第二十二章	建筑结构加固工程竣工验收	5	5	0	对建筑结构加固工程竣工验收程序、组织和要求，以及验收时应提供的文件和质量标准作了规定
合计		435	401	34	

（三）强制性条文

（1）结构加固工程用的水泥进场时应对其品种、级别、包装或散装仓号、出厂日期等进行检查，并应对其强度、安定性及其他必要的性能指标进行见证取样复验。其品种和强度等级必须符合现行国家标准《混凝土结构加固设计规范》GB 50367 及设计的规定；其质量必须符合现行国家标准《通用硅酸盐水泥》GB 175 和《快硬硅酸盐水泥》GB 199 等的要求。

加固用混凝土严禁使用安定性不合格的水泥、含氯化物的水泥、过期水泥和受潮水泥。

检查数量：按同一生产厂家、同一等级、同一品种、同一批号且同一次进场的水泥，以 30t 为一批（不足 30t，按 30t 计），每批见证取样不应少于一次。

检查方法：检查产品合格证、出厂检验报告和进场复验报告。（条文 4.1.1）

（2）普通混凝土中掺用的外加剂（不包括阻锈剂），其质量及应用技术应符合现行国家标准《混凝土外加剂》GB 8076 及《混凝土外加剂应用技术规范》GB 50119 的要求。

结构加固用的混凝土不得使用含有氯化物或亚硝酸盐的外加剂；上部结构加固用的混凝土还不得使用膨胀剂。必要时，应使用减缩剂。

检查数量：按进场的批次并符合本规范附录 D 的规定。

检验方法：检查产品合格证、出厂检验报告（包括与水泥适应性检验报告）和进场复验报告。（条文 4.1.2）

（3）结构加固用的钢筋，其品种、规格、性能等应符合设计要求。钢筋进场时，应分别按现行国家标准《钢筋混凝土用钢 第 1 部分：热轧光圆钢筋》GB 1499.1、《钢筋混凝

土用钢 第2部分：热轧带肋钢筋》GB 1499.2、《钢筋混凝土用余热处理钢筋》GB/T 13014、《预应力混凝土用钢绞线》GB/T 5224等的规定，见证取样作力学性能复验，其质量除必须符合相应标准的要求外，尚应符合下列规定：

1）对有抗震设防要求的框架结构，其纵向受力钢筋强度检验实测值应符合现行国家标准《混凝土结构工程施工质量验收规范》GB 50204的规定；

2）对受力钢筋，在任何情况下，均不得采用再生钢筋和钢号不明的钢筋。

检查数量：按进场的批次并符合本规定附录D的规定。

检查方法：检查产品合格证、出厂检验报告和进场复验报告。（条文4.2.1）

（4）结构加固用的型钢、钢板及其连接用的紧固件，其品种、规格和性能等应符合设计要求和现行国家标准《碳素结构钢》GB/T 700、《纸合金高强度结构钢》GB/T 1591、《紧固件机械性能》GB/T 3098以及有关产品标准的规定。严禁使用再生钢材以及来源不明的钢材和紧固件。

型钢、钢板和连接用的紧固件进场时，应按现行国家标准《钢结构工程施工质量验收规范》GB 50205等的规定见证取样作安全性能复验，其质量必须符合设计和合同的要求。

检查数量：按进场的批次，逐批检查，且每批抽取一组试样进行复验。组内试件数量按所执行试验方法标准确定。

检查方法：检查产品合格证、中文标志、出厂检验报告和进场复验报告。（条文4.2.2）

（5）预应力加固专用的钢材进场时，应根据其品种分别按现行国家标准《钢筋混凝土用余热处理钢筋》GB/T 13014、《预应力混凝土用钢丝》GB/T 5223、《预应力混凝土用钢绞线》GB/T 5224和《碳素结构钢》GB/T 700、《纸合金高强度结构钢》GB/T 1591等的规定，见证取样作力学性能复验，其质量必须符合相应标准的规定。

检查数量：按进场批次，逐批检查，且每批抽取一组试样进行复验。组内试件数量按所执行的试验方法标准确定。

检验方法：检查产品合格证、出厂检验报告和进场复验报告。（条文4.2.3）

（6）绕丝用的钢丝进场时，应按现行国家标准《一般用途低碳钢丝》GB/T343中关于退火钢丝的力学性能指标进行复验。其复验结果的抗拉强度最低值不应低于490MPa。

注：若直径4mm退火钢丝供应有困难，允许采用低碳冷拔钢丝在现场退火。但退火后的钢丝抗拉强度值应控制在（490～540）MPa之间。

检查数量：按进场批号，每批抽取5个试样。

检查方法：按现行国家标准《金属材料　室温拉伸试验方法》GB/T 228规定的方法进行复验，同时，尚应检查其产品合格证和出厂检验报告。（条文4.2.5）

（7）结构加固用的钢丝绳网片应根据设计规定选用高强度不锈钢丝绳或航空用镀锌碳素钢丝绳在工厂预制。制作网片的钢丝绳，其结构形式应为6×7＋IWS金属股芯右交互捻小直径不松散钢丝绳，或1×19单股左捻钢丝绳；其钢丝的公称强度不应低于现行国家标准《混凝土结构加固设计规范》GB 50367的规定值。

钢丝绳网片进场时，应分别按现行国家标准《不锈钢丝绳》GB/T 9944和行业标准《航空用钢丝绳》YB/T 5197等的规定见证抽取试件作整绳破断拉力、弹性模量和伸长率检验。其质量必须符合上述标准和现行国家标准《混凝土结构加固设计规范》GB 50367的规定。

检查数量：按进场批次和产品抽样检验方案确定。

检验方法：抽查产品质量合格证、出厂检验报告和进场复验报告。

注：单股钢丝绳也称钢绞线，但不得擅自将6×7＋IWS金属股芯不松散钢丝绳改称为钢绞线。若施工图上所写名称不符合本规范规定，应要求设计单位和生产厂家书面更正，否则不得付诸施工。（条文4.2.6）

（8）结构加固用的焊接材料，其品种、规格、型号和性能应符合现行国家产品标准和设计要求。焊接材料进场时应按现行国家标准《碳钢焊条》GB/T 5117、《低合金钢焊条》GB/T 5118等的要求进行见证取样复验。复验不合格的焊接材料不得使用。

检查数量：应按产品复验抽样并符合本规范附录D的规定。

检查方法：检查产品合格证、中文标志及出厂检验报告和进场复验报告。（条文4.3.1）

（9）加固工程使用的结构胶粘剂，应按工程用量一次进场到位。结构胶粘剂进场时，施工单位应会同监理人员对其品种、级别、批号、包装、中文标志、产品合格证、出厂日期、出厂检验报告等进行检查；同时，应对其钢-钢拉伸抗剪强度、钢-混凝土正拉粘结强度和耐湿热老化性能等三项重要性能指标以及该胶粘剂不挥发物含量进行见证取样复验；对抗震设防裂度为7度及7度以上地区建筑加固用的粘钢和粘贴纤维复合材料的结构胶粘剂，尚应进行抗冲击剥离能力的见证取样复验；所有复验结果均须符合现行国家标准《混凝土结构加固设计规范》GB 50367及本规范的要求。

检验数量：按进场批次，每批号见证取样3件，每件每组分称取500g，并按相同组分予以混匀后送独立检验机构复验。检验时，每一项目每批次的样品制作一组试件。

检验方法：在确定产品批号、包装及中文标志完整的前提下，检查产品合格证、出厂日期、出厂检验报告、进场见证复验报告，以及抗冲击剥离试件破坏后的残件。（条文4.4.1）

（10）加固工程中，严禁使用下列结构胶粘剂产品：

1）过期或出厂日期不明；

2）包装破损、批号涂毁或中文标志、产品使用说明书为复印件；

3）掺有挥发性溶剂或非反应性稀释剂；

4）固化剂主成分不明或固化剂主成分为乙二胺；

5）游离甲醛含量超标；

6）以“植筋—粘钢两用胶”命名。

注：过期胶粘剂不得以厂家出具的“质量保证书”为依据而擅自延长其使用期限。（条文4.4.5）

（11）碳纤维织物（碳纤维布）、碳纤维预成型板（以下简称板材）以及玻璃纤维织物（玻璃纤维布）应按工程用量一次进场到位。纤维材料进场时，施工单位应会同监理人员对其品种、级别、型号、规格、包装、中文标志、产品合格证和出厂检验报告等进行检查，同时尚应对下列重要性能和质量指标进行见证取样复验：

1）纤维复合材料的抗拉强度标准值、弹性模量和极限伸长率；

2）纤维织物单位面积质量或预成型板的纤维体积含量；

3）碳纤维织物的 K 数。

若检验中发现该产品尚未与配套的胶粘剂进行过适配性试验，应见证取样送独立检测机构，按本规范附录 E 及附录 N 的要求进行补检。

检查、检验和复验结果必须符合现行国家标准《混凝土结构加固设计规范》GB50367 的规定及设计要求。

检查数量：按进场批号、每批号见证取样 3 件，从每件中，按每一检验项目各裁取一组试样的用料。

检验方法：在确认产品包装及中文标志完整性的前提下，检查产品合格证、出厂检验报告和进场复验报告；对进口产品还应检查报关单及商检报告所列的批号和技术内容是否与进场检验结果相符。

注：① 纤维复合材抗拉强度应按现行国家标准《定向纤维增强塑料拉伸性能试验方法》GB/T 3354 测定，但其复验的试件数量不得少于 15 个，且应计算其试验结果的平均值、标准差和变异系数，供确定其强度标准值使用；

② 纤维织物单位面积质量应按现行国家标准《增强制品试验方法 第 3 部分：单位面积质量的测定》GB/T 9914.3 进行检测；碳纤维预成型板材的纤维体积含量应按现行国际标准《碳纤维增强塑料体积含量试验方法》GB/T 3366 进行检测；

③ 碳纤维的 K 数应按本规范附录 M 制定。（条文 4.5.1）

（12）结构加固使用的碳纤维，严禁用玄武岩纤维、大丝束碳纤维等替代。结构加固使用的 S 玻璃纤维（高强玻璃纤维）、E 玻璃纤维（无碱玻璃纤维），严禁用 A 玻璃纤维或 C 玻璃纤维替代。（条文 4.5.2）

（13）配制结构加固用聚合物砂浆（包括以复合砂浆命名的聚合物砂浆）的原材料，应按工程用量一次进场到位。聚合物原材料进场时，使用单位应会同监理单位对其品种、型号、包装、中文标志、出厂日期、出厂检验合格报告等进行检查，同时尚应对聚合物砂浆体的劈裂抗拉强度、抗折强度及聚合物砂浆与钢粘结的拉伸抗剪强度进行见证取样复验。其检查和复验结果必须符合现行国家标准《混凝土结构加固设计规范》GB50367 的规定。

检查数量：按进场批号、每批号见证抽样 3 件，每件每组分称取 500g，并按同组分予以混合后送独立检测机构复验。检验时，每一项目每批号的样品制作一组试件。

检验方法：在确认产品包装及中文标志完整性的前提下，检查产品合格证、出厂日期、出厂检验合格报告和进场复验报告。

注：聚合物砂浆体的劈裂抗拉强度、抗折强度及聚合物砂浆拉伸抗剪强度分别按本规范附录 P、附录 Q 及附录 R 规定的方法进行测定。（条文 4.7.1）

（14）结构界面胶（剂）应一次进场到位。进场时，应对其品种、型号、批号、包装、中文标志、出产日期、产品合格证、出厂检验报告等进行检查，并应对下列项目进行见证抽样复验：

1）与混凝土的正拉粘结强度及其破坏形式；

2）剪切粘结强度及其破坏形式；

3）耐湿热老化性能现场快速复验。

复验结果必须分别符合本规范附录 E、附录 S 及附录 J 的规定。

注：结构界面胶（剂）耐湿热老化快速复验，应采用本规范附录 S 规定的剪切试件进行试验与

评定。

检查数量：按进场批次，每批次见证抽样3件；从每件中取出一定数量界面胶（剂）经混匀后，为每一复验项目制作5个试件进行复验。

检验方法：在确认产品包装及中文标志完整的前提下，检查产品合格证、出厂检验报告和进场复验报告。(条文4.9.2)

(15) 结构加固用锚栓应采用自扩底锚栓、模扩底锚栓或特殊倒锥形锚栓，且应按工程用量一次进场到位。进场时，应对其品种、型号、规格、中文标志和包装、出厂检验合格报告等进行检查，并应对锚栓钢材受拉性能指标进行见证抽样复验，其复验结构必须符合现行国家标准《混凝土结构加固设计规范》GB 50367的规定。

对地震设防区，除应按上述规定进行检查和复验外，尚应复查该批锚栓是否属地震区适用的锚栓。复查应符合下列要求：

1) 对国内产品，应具有独立检验机构出具的符合行业标准《混凝土用膨胀型、扩孔型建筑锚栓》JG 160—2004附录F规定的专项试验验证合格证书；

2) 对进口产品，应具有该国或国际认证机构检验结果出具的地震区适用的认证证书。

检查数量：按同一规格包装箱数为一检验批，随机抽取3箱（不足3箱应全取）的锚栓，经混合均匀后，从中见证抽取5%，且不少于5个进行复验；若复验结果仅有一个不合格，允许加倍取样复验；若仍有不合格者，则该批产品应评为不合格产品。

检验方法：在确认锚栓产品包装及中文标志完整性的条件下，检查产品合格证、出厂检验报告和进场见证复验报告；对扩底刀具，还应检查其真伪；对地震设防区，尚应检查其认证或验证证书。(条文4.11.1)

(16) 新增混凝土的强度等级必须符合设计要求。用于检查结构构件新增混凝土强度的试块，应在监理工程师见证下，在混凝土的浇筑地点随机抽取。取样与留置试块应符合下列规定：

1) 每拌制50盘（不足50盘，按50盘计）同一配合比的混凝土，取样不得少于一次；

2) 每次取样应至少留置一组标准养护试块；同条件养护试块的留置组数应根据混凝土工程量及其重要性确定，且不应少于3组。

检验方法：检查施工记录及试块强度试验报告。(条文5.3.2)

(17) 新增混凝土的浇筑质量不应有严重缺陷及影响结构性能和使用功能的尺寸偏差。

对已经出现的严重缺陷及影响结构性能和使用功能的尺寸偏差，应由施工单位提出技术处理方案，经监理（业主）和设计单位共同认可后予以实施。对经处理的部位应重新检查、验收。

检查数量：全部检查。

检验方法：观察、测量或超声法检测，并检查技术处理方案和返修记录。(条文5.4.2)

(18) 新置换混凝土的浇筑质量不应有严重缺陷及影响结构性能或使用功能的尺寸偏差。

对已经出现的严重缺陷和影响结构性能或使用功能的尺寸偏差，应由施工单位提出技术处理方案，经设计和监理单位认可后进行处理。处理后应重新检查验收。

检查数量：全数检查。

检验方法：观察、超声法检测、检查技术处理方案及返修记录。（条文 6.5.1）

（19）预应力拉杆（或撑杆）制作和安装时，必须复查其品种、级别、规格、数量和安装位置。复查结果必须符合设计要求。

检查数量：全数检查。

检验方法：制作前按进场验收记录核对实物；检查安装位置和数量。（条文 8.2.1）

（20）加固材料（包括纤维复合材）与基材混凝土的正拉粘结强度，必须进行见证抽样检验。其检验结果应符合表 2-4a 合格指标的要求。若不合格，应揭去重贴，并重新检查验收。

现场检验加固材料与混凝土正拉粘结强度的合格指标　　表 2-4a

检验项目	原构件实测混凝土强度等级	检验合格指标		检验方法
正拉粘结强度及其破坏形式	C15～C20	≥1.5MPa	且为混凝土内聚破坏	本规范附录 U
	≥C45	≥2.5MPa		

注：1. 加固前应按本规范附录 T 的规定，对原构件混凝土强度等级进行现场检测与推定；

2. 若检测结果介于 C20～C45 之间，允许按换算的强度等级以线性插值法确定其合格指标；

3. 检查数量：应按本规范附录 U 的取样规则确定；

4. 本表给出的是单个试件的合格指标。检验批质量的合格评定，应按本规范附录 U 的合格评定标准进行。（条文 10.4.2）

（21）钢板与原构件混凝土间的正拉粘结强度应符合本规范第 10.4.2 条规定的合格指标的要求。若不合格，应揭去重贴，并重新检查验收。

检查数量及检验方法应按本规范附录 U 的规定执行。（条文 11.4.2）

（22）聚合物砂浆的强度等级必须符合设计要求。用于检查钢丝绳网片外加聚合物砂浆面层抗压强度的试块，应会同监理人员在拌制砂浆的出料口随机取样制作。其取样数量与试块留置应符合下列规定：

1）同一工程每一楼层（或单层），每喷抹 $500m^2$（不足 $500m^2$，按 $500m^2$ 计）砂浆面层所需的同一强度等级的砂浆，其取样次数应不少于一次。若搅拌机不止一台，应按台数分别确定每台取样次数。

2）每次取样应至少留置一组标准养护试块；与面层砂浆同条件养护的试块，其留置组数应根据实际需要确定。

检验方法：检查施工记录及试块强度的试验报告。（条文 12.4.1）

（23）聚合物砂浆层面的外观质量不应有严重缺陷及影响结构性能和使用功能的尺寸偏差。严重缺陷的检查与评定按表 2-4b 进行；尺寸偏差的检查与评定按设计单位在施工图上对重要尺寸允许偏差所作的规定进行。对已经出现的严重缺陷及影响结构性能和使用功能的尺寸偏差，应由施工单位提出技术处理方案，经业主（监理）和设计单位共同认可后予以实施。对经处理的部位应重新检查、验收。

检查数量：全数检查。

检验方法：观察，当检查缺陷的深度时应凿开检查或超声探测，并检查技术处理方案及返修记录。（条文 12.5.1）

聚合物砂浆面层外观质量缺陷　　表 2-4b

名称	现象	严重缺陷	一般缺陷
露绳（或露筋）	钢丝绳网片（或钢筋网）未被砂浆包裹而外露	受力钢丝绳（或受力钢筋）外露	按构造要求设置的钢丝绳（或钢筋）有少量外露
疏松	砂浆局部不密实	构件主要受力部位有疏松	其他部位有少量疏松
夹杂异物	砂浆中夹杂异物	构件主要受力部位夹有异物	其他部位夹有少量异物
孔洞	砂浆中存在深度和长度均超过砂浆保护层厚度的孔洞	构件主要受力部位有孔洞	其他部位有少量孔洞
硬化（或固化）不良	水泥或聚合物失效，致使面层不硬化（或不固化）	任何部位不硬化（或不固化）	（不属一般缺陷）
裂缝	缝隙从砂浆表面延伸至内部	构件主要受力部位有影响结构性能，或使用功能的裂缝	仅有表面细裂纹
连接部位缺陷	构件端部连接处砂浆层分离或锚固件与砂浆层之间松动、脱落	连接部位有影响结构传力性能的缺陷	连接部位有轻微影响或不影响传力性能的缺陷
表观缺陷	表面不平整、缺棱掉角、翘曲不齐、麻面、掉皮	有影响使用功能的缺陷	仅有影响观感的缺陷

注：复合水泥砂浆及普通水泥砂浆面层的喷抹质量缺陷也可按本表进行检查与评定。

（24）聚合物砂浆面层与原构件混凝土间的正拉粘结强度，应符合表 2-4a 规定的合格指标的要求。若不合格，应揭去重做，并重新检查、验收。

检查数量、检验方法及评定标准应按本规范附录 U 的规定执行。（条文 12.5.3）

（25）砌体或混凝土构件外加钢筋网采用普通砂浆或复合砂浆面层时，其强度等级必须符合设计要求。用于检查砂浆强度的试块，应按本规范第 12.4.1 条的规定进行取样和留置，并应按该条规定的检查数量及检验方法执行。（条文 13.3.6）

（26）砌体或混凝土构件外加钢筋网的砂浆面层，其浇筑或喷抹的外观质量不应有严重缺陷。对硬化后砂浆面层的严重缺陷应按表 2-4（b）进行检查和评定，对已出现者应由施工单位提出处理方案，经业主（监理单位）和设计单位共同认可后进行处理并应重新检查、验收。

检查数量：全数检查。

检验方法：观察、检查技术处理方案及施工记录。（条文 13.4.1）

（27）砂浆面层与基材之间的正拉粘结强度，必须进行见证取样检验。其检验结果，对混凝土基材应符合表 2-4a 的要求；对砌体基材应符合表 2-4c 的要求。（条文 13.4.3）

现场检验加固材料与砌体正拉粘结强度的合格指标　　表 2-4c

检验项目	烧结普通砖或混凝土砌块强度等级	28d 检验合格指标		正常破坏形式	检验方法
		普通砂浆（≥M15）	聚合物砂浆或复合砂浆		
正拉粘结强度及其破坏形式	MU10～MU15	≥0.6MPa	≥1.0MPa	砖或砌块内聚破坏	本规范附录 U
	≥MU20	≥1.0MPa	≥1.3MPa		

注：1. 加固前应通过现检验测，对砖或砌块的强度等级予以确认；

2. 当为旧标号块材，且符合原规范规定时，仅要求检验结果为块材内聚破坏。

(28) 负荷状态下钢构件增大截面工程，应要求由具有相应技术等级资质的专业单位进行施工；其焊接作业必须由取得相应位置施焊的焊接合格证，且经过现场考核合格的焊工施焊。(条文 15.1.5)

(29) 在负荷下进行钢结构加固时，必须制定详细的施工技术方案，并采取有效的安全措施，防止被加固钢构件的结构性能受到焊接加热、补加钻孔、扩孔等作业的损害。(条文 15.4.1)

(30) 设计要求全焊透的一、二级焊缝应采用超声波探伤进行内部缺陷的检验；超声波探伤不能对缺陷作出判断时，应采用射线探伤。探伤时，其内部缺陷分级应符合现行国家标准《钢焊缝手工超声波探伤方法和探伤结果分级》GB11345 和《金属熔化焊焊接接口射线照相》GB/T 3323 的规定。

检查数量：全数检查。

检验方法：超声波探伤；必要时，采用射线探伤；检查探伤记录。(条文 15.5.1)

(31) 对负荷状态下焊缝补强施焊的焊工要求，必须符合本规范第 15.1.5 的规定。(条文 16.1.5)

(32) 植筋的胶粘剂固化时间达到 7d 的当日，应抽样进行现场锚固承载力检验。其检验方法及质量合格评定标准必须符合本规范附录 W 的规定。

检查数量：按本规范附录 W 确定。

检验方法：监理人员应在现场监督，并检查现场拉拔检验报告。(条文 19.4.1)

(33) 锚栓安装、紧固或固化完毕后，应进行锚固承载力现场检验。其锚固质量必须符合本规范关于锚固承载力现场检验与评定的规定并符合附录 W 的规定。

检查数量：按本规范附录 W 确定。

检验方法：检查锚栓承载力现场检验报告。(条文 20.3.1)

(34) 新增灌浆料与细石混凝土的混合料，其强度等级必须符合设计要求。用于检查其强度的试块，应在监理工程师的见证下，按本规范第 5.3.2 条的规定进行取样、制作、养护和检验。

注：试块尺寸应为 100mm×100mm×100mm 的立方体。其检验结果应换算为边长为 150mm 的标准立方体抗压强度，作为评定混合料强度等级的依据，换算系数应按现行国家标准《普通混凝土力学性能试验方法标准》GB/T 50081 的规定采用。

检查数量及检验方法按该条规定执行。(条文 21.4.3)

五、《钢结构高强度螺栓连接技术规程》JGJ 82—2011

(一) 主要内容

本规程适用于建筑钢结构工程中高强度螺栓连接的设计、施工与质量验收。

本规程分为 7 章，共 114 条，其中强制性条文 6 条。

本规程是对原行业标准《钢结构高强度螺栓连接的设计、施工及验收规程》JGJ82—91 的修订，修订的主要内容是：增加了第 2 章“术语和符号”、第 3 章“基本规定”、第 5 章“接头设计”、增加孔型系数，引入标准孔、大圆孔和槽孔概念；增加了涂层摩擦面及其抗滑移系数 μ；增加受拉连接和端板连接接头，并提出杠杆力计算方法；增加栓焊并用连接接头；增加转角法施工和检验；细化和明确高强度螺栓连接分项工程检验批。

(二) 各章概述

为便于学习，编制了《钢结构高强度螺栓链接技术规程》一览表，见表 2-5。

《钢结构高强度螺栓链接技术规程》一览表 **表 2-5**

序号	名称	内容			概述
		条目（条）	一般要求（条）	强制性条文（条）	
第一章	总则	3	3	0	编制目的、适用范围、执行本标准与执行其他标准之间的关系
第二章	术语和符号	17	17	0	
第三章	基本规定	13	12	1	对高度螺栓连接设计要求、材料和设计指标作了规定。对同一连接接头中不同螺栓连接类型的使用提出了要求。 其中 3.1.7 条为强制性条文
第四章	连接设计	17	16	1	对不同连接方式的设计给出了具体的设计方法，对连接构造作出了具体的规定。 其中 4.3.1 条为强制性条文
第五章	连接接头设计	21	21	0	对不同类型连接接头的设计计算、构造要求作了规定
第六章	施工	36	32	4	对连接构件的制作、储运、保管、安装等提出了要求，对高强度螺栓连接副和摩擦面抗滑移系数及紧固质量检验要求作了规定。 其中 6.1.2、6.2.6、6.4.5 和 6.4.8 条为强制性条文
第七章	施工质量验收	7	7	0	对高强螺栓连接分项工程验收标准、检验批划分及验收资料要求作了规定
合计		114	108	6	

(三) 强制性条文

(1) 在同一连接接头中，高强度螺栓连接不应与普通螺栓连接混用。承压型高强度螺栓连接不应与焊接连接并用。(条文 3.1.7)

(2) 每一杆件在高强度螺栓连接节点及拼接接头的一端，其连接的高强度螺栓数量不应少于 2 个。(条文 4.3.1)

(3) 高强度螺栓连接副应按批配套进场，并附有出厂质量保证书。高强度螺栓连接副应在同批内配套使用。(条文 6.1.2)

(4) 高强度螺栓连接处的钢板表面处理方法及除锈等级应符合设计要求。连接处钢板表面应平整、无焊接飞溅、无毛刺、无油污。经处理后的摩擦型高强度螺栓连接的摩擦面抗滑移系数应符合设计要求。(条文 6.2.6)

(5) 在安装过程中，不得使用螺纹损伤及沾染脏物的高强度螺栓连接副，不得用高强度螺栓兼作临时螺栓。(条文 6.4.5)

(6) 安装高强度螺栓时，严禁强行穿入。当不能自由穿入时，该孔应用铰刀进行修整，修整后孔的最大直径不应大于1.2倍螺栓直径，且修孔数量不应超过该节点螺栓数量的25%。修孔前应将四周螺栓全部拧紧，使板迭密贴后再进行铰孔。严禁气割扩孔。(条文6.4.8)

六、《建筑基坑工程监测技术规范》GB 50497—2009

(一) 主要内容

本规范适用于一般土及软土建筑基坑工程监测，不适用于岩石建筑基坑工程以及冻土、膨胀土、湿陷性黄土等特殊土和侵蚀性环境的建筑基坑工程监测。

本规范分9章、7个附录，共138条，其中强制性条文4条。

本规范规定了实施基坑工程监测的范围、监测工作步骤、检测方案内容，以及需对监测方案进行论证的基坑工程范围。

对现场监测方法、监测对象、基坑工程监测点的布置、监测精度以及数据处理与信息反馈等提出了要求。

(二) 各章概述

为便于学习，编制了表《建筑基坑工程监测技术规范》一览表，见表2-6。

《建筑基坑工程监测技术规范》一览表 **表2-6**

序号	名称	内容			概述
		条目（条）	一般要求（条）	强制性条文（条）	
第一章	总则	4	4	0	编制目的、适用范围，执行本规范与执行其他标准之间的关系
第二章	术语	11	11	0	
第三章	基本规定	11	10	1	对需实施基坑工程监测的范围、检测工作步骤、监测方案内容、需对监测方案进行论证的基坑工程范围、需归档的监测资料等要求作了规定。 其中3.0.1条为强制性条文
第四章	监测项目	10	10	0	对基坑工程现场监测方法和监测对象作了规定。 对采用仪器监测的项目和巡视检查的内容作了相应规定，对巡视检查方法提出了要求
第五章	监测点布置	23	23	0	对基坑工程监测点的布置作了规定。对基坑及支护结构监测点数、支撑内力监测点的节点的布置以及围护坪侧向、土压力监测点的布置提出了要求。在基坑周围环境监测时，对建筑竖向位移测点、水平位移测点、倾斜监测点、管线监测点、基坑周边地标监测点以及土体分层竖向位移监测孔的布置提出了要求

续表

序号	名称	内容			概　述
		条目（条）	一般要求（条）	强制性条文（条）	
第六章	监测方法及精度要求	55	55	0	对变形监测网的基准点、工作基点布设、监测精度要求作了规定，对水平位移、竖向位移、倾斜、支护结构内力、土压力、孔隙水压力和土层分层竖向位移监测等提出了要求
第七章	监测频率	5	4	1	对基坑工程监测期，不同监测项目的监测频率、应提高监测频率的情况等要求作了规定。 其中7.0.4条为强制性条文
第八章	监测报警	7	5	2	对位移控制符合的要求、基坑及支护结构监测报警值的确定、需进行危险报警并应采取措施的情况等要求作了规定。 其中8.0.1和8.0.7条为强制性条文
第九章	数据处理与信息反馈	12	12	0	对现场监测资料应符合的要求、日报表、阶段性报告和总结报告应包括的内容以及数据分析处理等要求作了规定
合计		138	134	4	

（三）强制性条文

（1）开挖深度大于等于5m或开挖深度小于5m但现场地质情况和周围环境较复杂的基坑工程以及其他需要监测的基坑工程应实施基坑工程监测。（条文3.0.1）

（2）当出现下列情况之一时，应加强监测，提高监测频率：

1）监测数据达到报警值；

2）监测数据变化较大或者速率加快；

3）存在勘察未发现的不良地质；

4）超深、超长开挖或未及时加撑等未按设计工况施工；

5）基坑及周边大量积水，长时间连续降雨，市政管道出现泄漏；

6）基坑附近地面荷载突然增大或超过设计限值；

7）支护结构出现开裂；

8）周边地面突发较大沉降或出现严重开裂；

9）邻近建筑突发较大沉降、不均匀沉降或出现严重开裂；

10）基坑底部、侧壁出现管涌、渗漏或流砂等现象。（条文7.0.4）

（3）基坑工程监测必须确定监测报警值，监测报警值应满足基坑工程设计、地下主体结构设计以及周边环境中被保护对象的控制要求。监测报警值应由基坑工程设计方确定。

(条文 8.0.1)

(4) 当出现下列情况之一时，必须立即进行危险报警，并对基坑支护结构和周边环境中的保护对象采取应急措施：

1) 监测数据达到监测报警值的累计值；

2) 基坑支护结构或周边土体的位移值突然明显增大或基坑出现流砂、管涌、隆起、陷落或较严重的渗漏等；

3) 基坑支护结构的支撑或锚杆体系出现过大变形、压屈、断裂、松弛或拔出的迹象；

4) 周边建筑的结构部分、周边地面出现较严重的突发裂缝或危害结构的变形裂缝；

5) 周边管线变形突然明显增长或出现裂缝、泄漏等；

6) 根据当地工程经验判断，出现其他必须进行危险报警的情况。(条文 8.0.7)

七、《墙体材料应用统一技术规范》GB 50574—2010

(一) 主要内容

本规范适用于墙体材料的建筑工程应用。

本规范分 10 章，共 178 条，其中强制性条文 11 条。

本规范对墙体的块料、板材、砂浆、灌孔混凝土、保温、连接及其他材料的几何尺寸、力学性能及有关性能等要求作了规定。

对建筑及建筑节能设计、结构设计、墙体裂缝控制与构造、施工、验收及墙体维护和试验等提出了要求。

(二) 各章概述

为便于学习，编制了《墙体材料应用统一技术规范》一览表，见表 2-7。

《墙体材料应用统一技术规范》一览表　　表 2-7

序号	名称	内容			概述
		条目(条)	一般要求(条)	强制性条文(条)	
第一章	总则	3	3	0	编制目的，适用范围，执行本规范与执行其他标准之间的关系
第二章	术语和符号	19	19	0	
第三章	墙体材料	24	19	5	对墙体的块材、板材、砂浆、灌孔混凝土、保温、连接及其他材料的几何尺寸、力学性能及其他有关性能作了规定。 其中 3.1.4、3.1.5、3.2.1、3.2.2、3.4.1 条为强制性条文
第四章	建筑及建筑节能设计	18	17	1	在建筑和建筑节能设计中，对墙体的有关要求作了规定。 其中 4.1.8 条为强制性条文

续表

序号	名称	内容			概述
		条目（条）	一般要求（条）	强制性条文（条）	
第五章	结构设计	22	19	3	在结构设计中，对结构体系及分析方法、砌体计算指标、构件静力设计基本要点、结构抗震设计基本要点、正常使用极限状态和耐久性等要求作了规定。 其中 5.4.2、5.4.3、5.5.2 条为强制性条文
第六章	墙体裂缝控制与构造要求	17	15	2	对墙体裂缝控制和构造要求作了规定。 其中 6.1.9、6.1.10 条为强制性条文
第七章	施工	22	22	0	对砌体、墙板隔墙以及墙体保温施工等要求作了规定
第八章	验收	8	8	0	对墙体工程验收及开裂墙体的处理要求作了规定
第九章	墙体维护	20	20	0	对墙体的维护、墙体的修补、损伤墙体的补强和加固等要求作了规定
第十章	试验	25	25	0	对墙体材料、砌体和板材以及墙体的试验性能和检验性试验等要求作了规定
合计		178	167	11	

（三）强制性条文

（1）墙体不应采用非蒸压硅酸盐砖（砌块）及非蒸压加气混凝土制品。（条文 3.1.4）

（2）应用氯氧镁墙材制品时应进行吸潮返卤、翘曲变形及耐水性试验，并应在其试验指标满足使用要求后用于工程。（条文 3.1.5）

（3）非烧结含孔块材的孔洞率、壁及肋厚度等应符合表 2-7a 的要求。

非烧结含孔块材的孔洞率、壁及肋厚度要求　　表 2-7a

块体材料类型及用途		孔洞率（%）	最小外壁（mm）	最大肋厚（mm）	其他要求
含孔砖	用于承重墙	≤35	15	15	孔的长度与宽度比应小于 2
	用于自承重墙	—	10	10	—
砌块	用于承重墙	≤47	30	25	孔的圆角半径不应小于 20mm
	用于自承重墙	—	15	15	—

注：1. 承重墙体的混凝土多孔砖的孔洞应垂直于铺浆面。当孔的长度与宽度比不小于 2 时，外壁的厚度不应小于 18mm；当孔的长度与宽度比小于 2 时，壁的厚度不应小于 15mm；

2. 承重含孔块料，其长度方向的中部不得设孔，中肋厚度不宜小于 20mm。

蒸压加气混凝土砌块不应有未切割面，其切割面不应有切割附着屑。（条文 3.2.1）

（4）块体材料强度等级应符合下列规定：

1）产品标准除应给出抗压强度等级外，尚应给出其变异系数的限值；

2）承重砖的折压比不应小于表 2-7b 的要求。

承重砖的折压比 **表 2-7b**

砖类型	高度 (mm)	砖强度等级				
		MU30	MU25	MU20	MU15	MU10
		折 压 比				
蒸压普通砖	53	0.16	0.18	0.20	0.25	—
多孔砖	90	0.21	0.23	0.24	0.27	0.32

注：1. 蒸压普通砖包括蒸压灰砂实心砖和蒸压粉煤灰实心砖；
2. 多孔砖包括烧结多孔砖和混凝土多孔砖。

（5）设计有抗冻性要求的墙体时，砂浆应进行冻融试验，其抗冻性能应与墙体块材相同。（条文 3.4.1）

（6）建筑设计不得采用含有石棉纤维、未经防腐和防虫蛀处理的植物纤维墙体材料。（条文 4.1.8）

（7）夹心保温复合墙应进行抗风设计。（条文 5.4.2）

（8）外墙板应进行抗风及连接设计，板材与主体结构应柔性连接。（条文 5.4.3）

（9）外墙板与主体结构连接件承载力设计的安全等级应提高一级。（条文 5.5.2）

（10）外保温复合墙的饰面层选用非薄抹灰时，应对由饰面层自主累积作用所产生的变形影响采取构造措施。（条文 6.1.9）

（11）内保温复合墙与梁、柱相接触部位，应采取防裂措施。（条文 6.1.10）

八、《地下防水工程质量验收规范》GB 50208—2011

（一）主要内容

本规范适用于房屋建筑、防护工程、市政隧道、地下铁道等地下防水工程质量验收。

本规范分 9 章、4 个附录，共 344 条，其中强制性条文 5 条。

本规范对地下工程的防水等级标准以及明、暗挖法防水设防标准的选用，对防水材料进场验收、地下防水工程施工的检查制度、分项工程划分以及检验批和抽样检验数量等要求作了规定。

对主体结构防水工程、细部构造防水工程、特殊施工法结构防水工程、排水工程、注浆工程以及子分部工程质量验收等提出了要求。

（二）各章概述

为了便于学习，编制了《地下防水工程质量验收规范》一览表，见表 2-8。

《地下防水工程质量验收规范》一览表 **表 2-8**

序号	名称	内容			概 述
		条目（条）	一般要求（条）	强制性条文（条）	
第一章	总则	5	5	0	编制目的、适用范围。 采用超出本规范的新技术要求。 执行本规范与执行其他标准之间的关系

续表

序号	名称	内容			概　述
		条目（条）	一般要求（条）	强制性条文（条）	
第二章	术语	12	12	0	
第三章	基本规定	14	14	0	规定了地下工程的防水等级标准及明、暗挖防水设防标准的选用。 对防水材料进场验收、地下防水工程施工的检查制度、分项工程划分、检验批和抽样检验数量等要求作了规定
第四章	主体结构防水工程	103	101	2	规定了防水混凝土、水泥砂浆防水层、卷材防水层、涂料防水层、塑料防水板防水层、金属板防水层以及膨润土防水材料防水层原材料及施工的有关要求，特别对防水混凝土结构的施工缝、变形缝、后浇带、穿墙管埋设件等的设置和构造，以及涂料防水层的平均厚度和最小厚度应符合的要求作了规定。 其中 4.1.16、4.4.8 条为强制性条文
第五章	细部构造防水工程	71	69	2	对施工缝、变形缝、后浇带、穿墙管埋设件、预留通道接头、桩头、孔口等细部防水质量验收要求作了规定。 其中 5.2.3、5.3.4 条为强制性条文
第六章	特殊施工法结构防水工程	69	69	0	对锚喷支护、地下连续墙、盾构隧道沉井及逆筑结构等特殊施工的结构防水工程质量验收要求作了规定
第七章	排水工程	40	39	1	对渗排水、盲沟排水、隧道排水、坑道排水、塑料排水板排水等排水工程质量验收要求作了规定。 其中 7.2.12 条为强制性条文
第八章	注浆工程	21	21	0	对预注浆、后注浆、结构裂缝注浆等注浆工程的质量验收要求作了规定
第九章	子分部工程质量验收	9	9	0	对检验批、分项工程、分部工程竣工和记录资料、观感质量等要求以及需做隐蔽工程验收记录的部位作了规定
合计		344	339	5	

（三）强制性条文

（1）防水混凝土结构的施工缝、变形缝、后浇带、穿墙管、埋设件等设置和构造必须符合设计要求。（条文 4.1.16）

（2）涂料防水层的平均厚度应符合设计要求，最小厚度不得小于设计厚度的 90%。（条文 4.4.8）

（3）中埋式止水带埋设位置应准确，其中间空心圆环与变形缝的中心线应重合。（条文 5.2.3）

（4）采用掺膨胀剂的补偿收缩混凝土，其抗压强度、抗渗性能和限制膨胀率必须符合设计要求。（条文 5.3.4）

（5）隧道、坑道排水系统必须通畅。（条文 7.2.12）

九、《建筑地面工程施工质量验收规范》GB 50209—2010

（一）主要内容

本规范适用于建筑地面工程（含室外散水、明沟、踏步、台阶和坡道）施工质量的验收，不适用于超净、屏蔽、绝缘、防止放射线以及防腐蚀等特殊要求的建筑地面工程施工质量验收。

本规范分 8 章、1 个附录，共 476 条，其中强制性条文 7 条。

本规范对分部工程、分项工程的划分，采用的材料和产品的要求，作了规定。对基层铺设、整体面层铺设、板块面层铺设、木、竹面层铺设的原材料和施工质量的检验方法和检查数量等提出了要求。

（二）各章概述

为了便于学习，编制了《建筑地面工程施工质量验收规范》一览表，见表 2-9。

《建筑地面工程施工质量验收规范》一览表 **表 2-9**

序号	名称	内容			概述
		条目（条）	一般要求（条）	强制性条文（条）	
第一章	总则	5	5	0	编制目的、适用范围、各项规定的严格程度，执行本规范与执行其他标准之间的关系
第二章	术语	15	15	0	
第三章	基本规定	25	22	3	对分部工程、分项工程的划分，采用的材料和产品的要求，接触基土的首层地面施工要求，变形缝设置要求，施工质量的验收及检验方法要求等作了规定。 其中 3.0.3、3.0.5、3.0.17 中的第 8 款为强制性条文
第四章	基层铺设	113	110	3	对基层铺设中的基本要求作了规定。分别对基土、灰土垫层、砂和砂石垫层、碎石和碎砖垫层、三合土和四合土垫层、炉渣垫层、水泥和陶粒混凝土垫层、找平层、隔离层、填充层和绝缘层等施工要求及质量验收的检验方法和检验数量分别提出了要求。 其中 4.9.3、4.10.11 和 4.10.13 条为强制性条文

续表

序号	名称	内容			概述
		条目（条）	一般要求（条）	强制性条文（条）	
第五章	整体面层铺设	123	122	1	对本章适用范围、整体面层的允许偏差和检验方法以及养护要求作了规定。 对水泥混凝土面层、水泥砂浆面层、水磨石面层、硬化耐磨面层、防油渗面层、不发火面层、自流平面层、涂料面层、塑胶面层以及地面辐射保暖的整体面层的原材料质量要求和施工质量检验方法及检查数量提出了要求。 其中5.7.4条为强制性条文
第六章	板块面层铺设	117	117	0	对本章的适用范围和板块面层的允许偏差和检验方法作了规定。 对砖面层、大理石和花岗岩面层、预制板块面层、料石面层、塑料板面层、活动地板面层、金属板面层、地毯面层和地面辐射供暖的板块面层的原材料及施工质量的检验方法和检查数量提出了要求
第七章	木、竹面层铺设	74	74	0	对本章的适用范围和木、竹面层的允许偏差及检验方法作了规定。 对实木地板面层、实木集成地板面层、竹地板面层、实木复合地板面层、浸渍纸层压木质地板面层、软木类地板面层和地面辐射供暖的木板面层等的原材料和施工质量的检验方法及检查数量提出了要求
第八章	分部（子分部）工程验收	4	4	0	对分部（子分部）工程质量验收应检查的工程质量文件和记录以及工程观感质量综合评价应检查的项目作了规定
合计		476	469	7	

（三）强制性条文

（1）建筑地面工程采用的材料或产品应符合设计要求和国家现行有关标准的规定。无国家现行标准的，应具有省级住房和城乡建设行政主管部门的技术认可文件。材料或产品进场时还应符合下列规定：

1）应有质量合格证的文件；

2）应对型号、规格、外观等进行验收，对重要材料或产品应抽样进行复验。（条文3.0.3）

（2）厕浴间和有防滑要求的建筑地面应符合设计防滑要求。（条文3.0.5）

（3）厕浴间、厨房和有排水（或其他液体）要求的建筑地面面层与相连接各类面层的标高差应符合设计要求。（条文 3.0.18）

（4）有防水要求的建筑地面工程，铺设前必须对立管、套管和地漏与楼板节点之间进行密封处理，并应进行隐蔽验收；排水坡度应符合设计要求。（条文 4.9.3）

（5）厕浴间和有防水要求的建筑地面必须设置防水隔离层。楼层结构必须采用现浇混凝土或整块预制混凝土板，混凝土强度等级不应小于 C20。房间的楼板四周除门外应做混凝土翻边，高度不应小于 200mm，宽同墙厚，混凝土强度等级不应小于 C20。施工时结构层标高和预留孔洞位置应准确，严禁乱凿洞。（条文 4.10.11）

（6）防水隔离层严禁渗漏，排水的坡向应正确、排水通畅。（条文 4.10.13）

（7）不发火（防爆）面层中碎石的不发火性必须合格；砂应质地坚硬、表面粗糙，其粒径应为 0.15～5mm，含泥量不应大于 3%，有机物含量不应大于 0.5%；水泥应采用硅酸盐水泥、普通硅酸盐水泥；面层分格的嵌条应采用不发生火花的材料配制。配制时应随时检查，不得混入金属或其他易发生火花的杂质。（条文 5.7.4）

第二节 安装工程施工质量验收规范

一、《给水排水管道工程施工及验收规范》GB 50268—2008

（一）主要内容

本规范适用于新建、扩建和改建城镇公共设施和工业企业的室外给排水管道工程的施工及验收；不适用于工业企业中具有特殊要求的给排水管道施工及验收。

本规范分 9 章、8 个附录，共 407 条，其中强制性条文 6 条。主要内容包括：总则、术语、基本规定、土石方与地基处理、开槽施工管道主体结构、不开槽施工管道主体结构、沉管和桥管施工主体结构、管道附属构筑物、管道功能性试验及附录等。本规范还应该与《给水排水构筑物工程施工及验收规范》GB 50141—2008 等规范配套使用。

（二）各章概述

为了便于学习，编制了《给水排水管道工程施工及验收规范》一览表，见表 2-10。

《给水排水管道工程施工及验收规范》一览表　　表 2-10

序号	名称	内容			概　述
		条目（条）	一般要求（条）	强制性条文（条）	
第一章	总则	4	0	1	编制目的，适用范围，给排水管道工程所用原材料半成品、成品等产品质量要求，执行本标准与执行其他标准规范之间关系。 其中 1.0.3 为强制性条文
第二章	术语	23	0	0	
第三章	基本规定	33	30	3	3.1 节 施工基本规定 3.2 节 质量验收基本规定 其中 3.1.9、3.1.14、3.2.8 为强制性条文

续表

序号	名称	内容			概述
		条目（条）	一般要求（条）	强制性条文（条）	
第四章	土石方与地基处理	52	52	0	分6节，4.1～4.6对土石方与地基处理施工的一般规定、施工降排水、沟槽开挖与支护、地基处理、沟槽回填和质量验收标准提出了要求
第五章	开槽施工管道主体结构	102	102	0	分6节，5.1～5.10对预制成品管开槽施工的一般规定、管道基础、钢管安装、钢管内外防腐、球墨铸铁管安装、钢筋混凝土管及预（自）应力混凝土管安装、预应力钢筒混凝土管安装、玻璃钢管安装、硬聚氯乙烯管、聚乙烯管及其复合管安装和质量验收标准提出了要求
第六章	不开槽施工管道主体结构	83	83	0	分7节，6.1～6.7对不开槽施工的室外给排水管道工程施工的一般规定、工作井、顶管、盾构、浅埋暗挖、定向钻及夯管和质量验收标准提出了要求
第七章	沉管和桥管施工主体结构	38	38	0	分4节，7.1～7.4对沉管和桥管施工的一般规定、沉管施工、桥管管道施工和质量验收标准提出了要求
第八章	管道附属构筑物	34	34	0	分5节，8.1～8.5对管道附属构筑物施工的一般规定、井室施工、支墩施工、雨水口施工和质量验收标准提出了要求
第九章	管道功能性试验	38	38	2	分5节，9.1～9.5对管道功能性试验的一般规定、压力管道水压试验、无压管道的闭水试验、无压管道的闭气试验、给水管道冲洗与消毒提出了要求。其中9.1.10、9.1.11为强制性条文
合计		407	401	6	

（三）强制性条文

（1）给排水管道工程所用的原材料、半成品、成品等产品的品种、规格、性能必须符合国家有关标准的规定和设计要求；接触饮用水的产品必须符合有关卫生要求。严禁使用国家明令淘汰、禁用的产品。（条文1.0.3）

（2）工程所用的管材、管道附件、构（配）件和主要原材料等产品进入施工现场时必须进行进场验收并妥善保管。进场验收时应检查每批产品的订购合同、质量合格证书、性能检验报告、使用说明书、进口产品的商检报告及证件等，并按国家有关标准规定进行复验，验收合格后方可使用。（条文3.1.9）

(3) 给排水管道工程施工质量控制应符合下列规定：

1) 各分项工程应按照施工技术标准进行质量控制，每分项工程完成后，必须进行检验；

2) 相关各分项工程之间，必须进行交接检验，所有隐蔽分项工程必须进行隐蔽验收，未经检验或验收不合格不得进行下道分项工程。(条文 3.1.15)

(4) 通过返修或加固处理仍不能满足结构安全或使用功能要求的分部（子分部）工程、单位（子单位）工程，严禁验收。(条文 3.2.8)

(5) 给水管道必须水压试验合格，并网运行前进行冲洗与消毒，经检验水质达到标准后，方可允许并网通水投入运行。(条文 9.1.10)

(6) 污水、雨污水合流管道及湿陷土、膨胀土、流砂地区的雨水管道，必须经严密性试验合格后方可投入运行。(条文 9.1.11)

二、《建筑电气照明装置施工与验收规范》GB 50617—2010

(一) 主要内容

本规范适用于工业与民用建筑物、构筑物中电气照明装置安装工程的施工与工程交接验收。

本规范分 8 章，共 86 条，其中强制性条文 6 条。主要内容包括：总则、术语、基本规定、灯具、插座、开关、风扇、照明配电箱（板）、通电试运行、工程交接验收等（与本规范同期颁发的还有《电气装置安装工程 高压电器施工及验收规范》GB 50147—2010、《电气装置安装工程　电力变压器、油浸电抗器、互感器施工及验收规范》GB 50148—2010、《电气装置安装工程　母线装置施工及验收规范》GB 50149—2010、《1kV 及以下配线工程施工与验收规范》GB 50575—2010 等规范）。

(二) 各章概述

为了便于学习，编制了《建筑电气照明装置施工与验收规范》一览表，见表 2-11。

《建筑电气照明装置施工与验收规范》一览表　　表 2-11

序号	名称	内容			概述
		条目（条）	一般条文（条）	强制性条文（条）	
第一章	总则	4	4	0	编制目的、适用范围、设计文件与深化设计要求、执行本标准与执行其他标准规范之间关系
第二章	术语	7	7	0	
第三章	基本规定	11	10	1	对进入现场的照明工程设备、材料及配件进行资料与实物检查的要求；照明设备应符合节能的要求；防爆照明装置的验收应符合《电气装置安装工程爆炸和火灾危险环境电气装置施工及验收规范》GB 50257 的有关规定；电气照明施工的基本要求等作了规定。 其中 3.0.6 条为强制性条文

续表

序号	名称	内容			概述
		条目（条）	一般条文（条）	强制性条文（条）	
第四章	灯具	36	33	3	分别对灯具安装的一般要求、常用灯具安装、专用灯具安装的要求作了规定。 其中 4.1.12、4.1.15 和 4.3.3 条为强制性条文
第五章	插座、开关、风扇	11	10	1	分别对插座的接线与安装，对开关安装的位置、高度，对风扇安装等具体要求作了规定。 其中 5.1.2 条为强制性条文
第六章	照明配电箱（板）	4	4	0	对照明配箱（板）安装具体要求作了规定
第七章	通电试运行及测量	9	8	1	对照明系统通电试运行的检查内容、连续通电试运行的时间以及有自控要求的照明工程通电试运行要求等作了规定。 对照度和功率密度值测试要求作了规定。 其中 7.2.1 条为强制性条文
第八章	工程交接验收	4	4	0	对工程交接验收的具体检查内容、验收检查数量、资料文件等作了规定
合计		86	80	6	

（三）强制性条文

（1）在砌体和混凝土结构上严禁使用木楔、尼龙塞或塑料塞安装固定电气照明装置。（条文 3.0.6）

（2）Ⅰ类灯具的不带电外露可导电部分必须与保护接地线（PE）可靠连接，且应有标识。（条文 4.1.12）

（3）质量大于 10kg 的灯具，其固定装置应按 5 倍灯具重量的恒定均布载荷全数作强度试验，历时 15min，固定装置的部件应无明显变形。（条文 4.1.15）

（4）建筑物景观照明灯具安装应符合下列规定：

1）在人行道等人员来往密集场所安装的灯具，无围栏防护时灯具底部距地面高度应在 2.5m 以上；

2）灯具及其金属构架和金属保护管与保护接地线（PE）应连接可靠，且有标识；

3）灯具的节能分级应符合设计要求。（条文 4.3.3-1、2、3）

（5）插座的接线应符合下列要求：

1）单相两孔插座，面对插座，右孔或上孔应与相线连接，左孔或下孔应与中性线连接；单相三孔插座，面对插座，右孔应与相线连接，左孔应与中性线连接；

2）单相三孔、三相四孔及三相五孔插座的保护接地线（PE）必须接在上孔。插座的保护接地端子不应与中性线端子连接。同一场所的三相插座，接线的相序应一致；

3）保护接地线（PE）在插座间不得串联连接。（条文 5.1.2-1、2、3）

（6）当有照度和功率密度测试要求时，应在无外界光源的情况下，测量并记录被检测区域内的平均照度和功率密度值，每种功能区域检测不少于 2 处。

1）照度值不得小于设计值；

2）功率密度值应符合现行国家标准《建筑照明设计标准》GB 50034 的规定或设计要求。（条文 7.2.1-1、2）

三、《智能建筑工程施工规范》GB 50606—2010

（一）主要内容

本规范适用于新建、改建和扩建工程中的智能建筑工程施工。

本规范分 17 章、2 个附录，共 365 条，其中强制性条文 4 条。主要内容包括：总则、术语、基本规定、综合布线、综合布线系统、信息网络系统、卫星接收及有线电视系统、会议系统、广播系统、信息设施系统、信息化应用系统、建筑设备监控系统、火灾自动报警系统、安全防范系统、智能化集成系统、防雷与接地和机房工程等。

本规范应与国家现行标准《智能建筑设计标准》GB/T 50314、《建筑工程施工质量验收统一标准》GB 50300、《智能建筑工程质量验收规范》GB 50339、《建设工程项目管理规范》GB/T 50326、《建筑工程施工质量评价标准》GB/T 50375、《建筑电气工程施工质量验收规范》GB 50303、《施工现场临时用电安全技术规范》JGJ 46 配套使用。

（二）各章概述

为了便于学习，编制了《智能建筑工程施工规范》一览表，见表 2-12。

《智能建筑工程施工规范》一览表　　表 2-12

序号	名称	内容			概述
		条目（条）	一般条文（条）	强制性条文（条）	
第一章	总则	4	4	0	编制目的、适用范围、配套使用标准、执行本标准与执行其他标准规范之间关系
第二章	术语	10	0	0	
第三章	基本规定	44	44	0	分 8 节，3.1～3.8 对智能建筑工程施工的一般规定、施工管理、施工准备、工程实施、质量保证、成品保护、质量记录、安全、环保、节能措施等方面提出了要求
第四章	综合管线	23	22	1	分 6 节，4.1～4.6 对综合管线施工的一般规定、施工准备、管路安装、线缆敷设、质量控制、自检自验等等方面提出了要求。其中 4.1.1 条为强制性条文
第五章	综合布线系统	13	13	0	分 6 节，5.1～5.6 对综合布线系统施工准备、线缆敷设与设备安装、质量控制、通道测试、自检自验、质量记录等方面提出了要求

续表

序号	名称	内容			概　述
		条目（条）	一般条文（条）	强制性条文（条）	
第六章	信息网络系统	21	21	0	分6节，6.1～6.6对信息网络系统的施工准备、设备及软件安装、质量控制、系统调试、自检自验、质量记录等方面提出了要求
第七章	卫星接收及有线电视系统	29	29	0	分6节，7.1～7.6对卫星接收及有线电视系统的施工准备、设备安装、质量控制、系统调试、自检自验、质量记录等方面提出了要求
第八章	会议系统	25	24	1	分6节，8.1～8.6对会议系统的施工准备、设备安装、质量控制、系统调试、自检自验、质量记录等方面提出了要求。 其中8.2.5条为强制性条文
第九章	广播系统	14	12	2	分6节，9.1～9.6对广播系统的施工准备、设备安装、质量控制、系统调试、自检自验、质量记录等方面提出了要求。 其中9.2.1、9.3.1条为强制性条文
第十章	信息设施系统	33	33	0	分6节，10.1～10.6对信息设施系统施工的一般规定、设备安装、质量控制、系统调试、自检自验、质量记录等方面提出了要求
第十一章	信息化应用系统	27	27	0	分7节，11.1～11.7对信息化应用系统施工的一般规定、施工准备、硬件与软件安装、质量控制、系统调试、自检自验、质量记录等方面提出了要求
第十二章	建筑设备监控系统	43	43	0	分6节，12.1～12.6对建筑设备监控系统的施工准备、设备安装、质量控制、系统调试、自检自验、质量记录等方面提出了要求
第十三章	火灾自动报警系统	26	26	0	分6节，13.1～13.6对火灾自动报警系统的施工准备、设备安装、质量控制、系统调试、自检自验、质量记录等方面提出了要求
第十四章	安全防范系统	29	29	0	分6节，14.1～14.6对安全防范系统的施工准备、设备安装、质量控制、系统调试、自检自验、质量记录等方面提出了要求
第十五章	智能化集成系统	24	24	0	分6节，15.1～15.6对智能化集成系统的施工准备、硬件与软件安装、质量控制、系统调试、自检自验、质量记录等方面提出了要求

续表

序号	名称	内容			概述
		条目（条）	一般条文（条）	强制性条文（条）	
第十六章	防雷与接地	24	24	0	分5节，16.1～16.5对防雷与接地的设备安装、质量控制、系统调试、自检自验、质量记录等方面提出了要求
第十七章	机房工程	24	24	0	分6节，17.1～17.6对机房工程的施工准备、设备安装、质量控制、系统调试、自检自验、质量记录等方面提出了要求
合计		365	361	4	

（三）强制性条文

（1）电力线缆和信号线缆严禁在同一线管内附设。（条文4.1.1）

（2）用于火灾隐患区的扬声器应由阻燃材料制成或采用阻燃后罩；广播扬声器在短期喷淋的条件下应能正常工作。（条文8.2.5-10）

（3）当广播系统具备消防应急广播功能时，应采用阻燃线槽、阻燃线管和阻燃线缆附设。（条文9.2.1-3）

（4）当广播系统具有紧急广播功能时，其紧急广播应由消防分机控制，并应具有最高优先权；在火灾和突发事故发生时，应能强制切换为紧急广播并以最大音量播出。系统应能在手动或警报信号触发的10s内，向相关广播区播放警示信号（含警笛）、警报语声文件或实时指挥语声。以现场环境噪声为基准，紧急广播的信噪比不应小于15dB。（条文9.3.1-2）

四、《建筑物防雷工程施工与质量验收规范》GB 50601—2010

（一）主要内容

本规范适用于新建、改建和扩建建筑物防雷工程的施工与质量验收。

本规范分为11章，5个附录，共68条，其中强制性条文共4条。主要内容包括：总则、术语、基本规定、接地装置分项工程、引下线分项工程、接闪器分项工程、等电位连接分项工程、屏蔽分项工程、综合布线分项工程、电涌保护器分项工程和工程质量验收等。

（二）各章概述

为了便于学习，编制了《建筑物防雷工程施工与质量验收规范》一览表，见表2-13。

《建筑物防雷工程施工与质量验收规范》一览表　　表2-13

序号	名称	内容			概述
		条目（条）	一般项目（条）	强制性条文（条）	
第一章	总则	3	3	0	编制目的、适用范围、执行本标准与执行其他标准规范之间关系

续表

序号	名称	内容			概述
		条目（条）	一般项目（条）	强制性条文（条）	
第二章	术语	14	0	0	
第三章	基本规定	5条	0	1	3.1节 施工现场质量管理 3.2节 施工质量控制要求 其中3.2.3条为强制性条文
第四章	接地装置分项工程	5	5	0	4.1节 接地装置安装 分主控项目、一般项目。 4.2节 接地装置安装工序 主要对自然接地体、人工接地体、接地装置隐蔽检查验收提出要求
第五章	引下线分项工程	4	2	2	5.1节 引下线安装 分主控项目、一般项目。 5.2节 引下线安装工序 主要对利用建筑物柱内钢筋作为引下线，直接从基础接地体或人工接地体引出的专用引下线安装工序检查提出要求。 其中5.1.1-3、5.1.1-6条为强制性条文
第六章	接闪器分项工程	4	3	1	6.1节 接闪器安装 分主控项目、一般项目。 6.2节 接闪器安装工序 主要对暗敷在建筑物混凝土中的接闪导线，明敷在建筑物上的接闪器安装工序提出要求。 其中6.1.1-1为强制性条文
第七章	等电位连接分项工程	5	5	0	7.1节 等电位连接安装 分主控项目、一般项目。 7.2节 等电位连接安装工序 主要对入户处的总等电位连接、后续防雷区交界处的等电位连接板和需要连接的金属物体的位置、网形结构等电位连接网安装工序提出要求
第八章	屏蔽分项工程	4	4	0	8.1节 屏蔽装置安装 分主控项目、一般项目。 8.2节 屏蔽装置安装工序 主要对建筑物格栅形大空间屏蔽工程安装工序、专用屏蔽室安装工序提出要求

续表

序号	名称	内容			概　　述
		条目（条）	一般项目（条）	强制性条文（条）	
第九章	综合布线分项工程	7	7	0	9.1节 综合布线安装 分主控项目、一般项目。 9.2节 综合布线安装工序 主要对信息技术设备、各类配线的额定电压值、色标、敷设各类配线的线槽（盒）、桥架或金属管、已安装固定的线槽（盒）、桥架或金属管以及各类配线安装工序提出要求
第十章	电涌保护器分项工程	4	4	0	10.1节 电涌保护器安装 分主控项目、一般项目。 10.2节 电涌保护器安装工序 主要对低压配电系统中的SPD安装、电信和信号网络中的SPD安装工序提出要求
第十一章	工程质量验收	13	13	0	11.1节 一般规定6条要求。 11.2节 防雷工程中各分项工程的检验批划分和检测要求7条
合计		68	64	4	

（三）强制性条文

（1）除设计要求外，兼做引下线的承力钢结构构件、混凝土梁、柱内钢筋与钢筋的连接，应采用土建施工的绑扎法或螺丝扣的机械连接，严禁热加工连接。（条文3.2.3）

（2）建筑物外的引下线敷设在人员可停留或经过的区域时，应采用下列一种或多种方法，防止接触电压和旁侧闪络电压对人员造成伤害：

1）外露引下线在高2.7m以下部分应穿不小于3mm厚的交联聚乙烯管，交联聚乙烯管应能耐受100kV冲击电压（1.2/50μs波形）。

2）应设立阻止人员进入的护栏或警示牌。护栏与引下线水平距离不应小于3m。（条文5.1.1-3）

（3）引下线安装与易燃材料的墙壁或墙体保温层间距应大于0.1m。（条文5.1.1-6）

（4）建筑物顶部和外墙上的接闪器必须与建筑物栏杆、旗杆、吊车梁、管道、设备、太阳能热水器、门窗、幕墙支架等外露的金属物进行等电位连接。（条文6.1.1-1）

五、《火灾自动报警系统施工及验收规范》GB 50166—2007

（一）主要内容

本规范适用于工业与民用建筑中设置的火灾自动报警系统的施工及验收。不适用于火药、炸药、弹药、火工品等生产和贮存场所设置的火灾自动报警系统的施工及验收（同批更新的规范还有《固定消防炮灭火系统施工与验收规范》GB 50498—2009、《泡沫灭火系统施工及验收规范》GB 50281—2006、《自动喷水灭火系统施工及验收规范》GB 50261—2005、《气体灭火系统施工及验收规范》GB 50263—2007等规范）。

本规范分6章、6个附录，共191条，其中强制性条文11条。主要内容包括：总则、基本规定、系统施工、系统调试、系统验收、系统使用和维护及附录等。

（二）各章概述

为了便于学习，编制了《火灾自动报警系统施工及验收规范》一览表，见表2-14。

《火灾自动报警系统施工及验收规范》一览表 **表2-14**

序号	名称	内容			概述
		条目（条）	一般条文（条）	强制性条文（条）	
第一章	总则	4	0	1	编制目的、适用范围、执行本标准与执行其他标准规范之间关系。 其中1.0.3条为强制性条文
第二章	基本规定	14	10	4	分2节 2.1质量管理。规定了火灾自动报警系统施工质量控制的基本要求。 2.2设备、材料进场检验施工质量控制要求。规定了设备、材料及配件进入施工现场前检查的重点内容。 其中2.1.5、2.1.8、2.2.1、2.2.2条为强制性条文
第三章	系统施工	57	56	1	分11节 3.1一般规定。对施工技术文件、施工（包括隐蔽工程验收）、检验（包括绝缘电阻、接地电阻）、调试、设计变更等相关记录、系统安装质量的检查、系统竣工时应完成竣工图及竣工报告作了规定。 3.2～3.11分别对布线、控制器类设备、火灾探测器、手动火灾报警按钮、消防电气控制装置、模块、火灾应急广播扬声器和火灾警报装置、消防专用电话、消防设备应急电源等的安装和系统接地作了规定。 其中3.2.4条为强制性条文
第四章	系统调试	70	70	0	分22节 4.1节为一般规定。规定了调试工作必须在系统全部安装结束后再进行，调试前必须具备的文件、编制并执行调试程序、调试负责人的资格等。 4.2节为调试准备。规定了调试前应对火灾自动报警设备的规格、型号、数量和备品备件等进行查验；对系统的施工质量、系统线路等进行检查；对系统中的火灾报警控制器、可燃气体报警控制器等各类设备分别进行单机通电检查。 4.3～4.22节分别对火灾报警控制器、点型感烟、感温火灾探测器、红外光束感烟火灾探测器、通过管路采样的吸气式火灾探测器、点型火焰探测器和图像型火灾探测器、手动火灾报警按钮、消防联动控制器、区域显示器（火灾显示盘）、可燃气体报警控制器、可燃气体探测器、消防电话、消防应急广播设备、系统备用电源、消防设备应急电源、消防控制中心图形显示装置、气体灭火控制器、防火卷帘控制器、其他受控部件等十九个火灾报警系统的受控部件调试要求和火灾自动报警系统的系统性能调试作了规定

续表

序号	名称	内容			概述
		条目（条）	一般条文（条）	强制性条文（条）	
第五章	系统验收	37	32	5	分3节 5.1 一般规定。规定了验收的基本要求，如验收装置名称、验收内容、抽验数量、验收记录的格式、系统工程质量验收评定标准等作了规定。 5.2 验收前的准备。规定了系统验收前，施工单位应提交的技术文件，建设和使用单位应进行施工质量复查。 5.3 验收。规定了对系统的布线进行检验；对施工单位提交的技术文件进行验收；对整个火灾自动报警系统和消防联动控制、灭火设备（26类）的功能进行功能抽验的内容和方法作了规定。 其中5.1.1、5.1.3、5.1.4、5.1.5、5.1.7条为强制性条文
第六章	系统使用和维护	9	0	0	分2节 6.1 使用前准备。对使用单位的管理、操作和维护人员、文件资料、技术档案作了规定。 6.2 使用和维护。对系统正式启用后的运行、对每日应做的主要工作、对每季度应做的检查和试验、对每年应做的检查作了具体规定。对探测器的定期清洗，以及备品数量作了规定
合计		191	180	11	

（三）强制性条文

（1）火灾自动报警系统在交付使用前必须经过验收。（条文1.0.3）

（2）火灾自动报警系统的施工，应按照批准的工程设计文件和施工技术标准进行，不得随意变更。确需变更设计时，应有原设计单位负责更改。（条文2.1.5）

（3）火灾自动报警系统施工前，应对设备、材料及配件进行现场检查，检查不合格者不得使用。（条文2.1.8）

（4）设备、材料及配件进入施工现场应有清单、使用说明书、质量合格证明文件、国家法定质检机构的检验报告等文件。火灾自动报警系统中的强制认证（认可）产品还应有认证（认可）证书和认证（认可）标识。（条文2.2.1）

检查数量：全数检查。

检查方法：查验相关材料。

（5）火灾自动报警系统的主要设备应是通过国家认证（认可）的产品。产品名称、型

号、规格应与检验报告一致。(条文 2.2.2)

检查数量：全数检查。

检查方法：核对认证（认可）证书、检验报告与产品。

(6) 火灾自动报警系统应单独布线，系统内不同电压等级、不同电流类别的线路，不应布在同一管内或线槽的同一槽孔内。(条文 3.2.4)

(7) 火灾自动报警系统竣工后，建设单位应负责组织施工、设计、监理等单位进行验收。验收不合格不得投入使用。(条文 5.1.1)

(8) 对系统中下列装置的安装位置、施工质量和功能等应进行验收：

1) 火灾报警系统装置（包括各种火灾探测器、手动火灾报警按钮、火灾报警控制器和区域显示器等)；

2) 消防联动控制系统（含消防联动控制器、气体灭火控制器、消防电气控制装置、消防设备应急电源、消防应急广播设备、消防电话、传输设备、消防控制中心图形显示装置、模块、消防电动装置、消火栓按钮等设备)；

3) 自动灭火系统控制装置（包括自动喷水、气体、干粉、泡沫等固定灭火系统的控制装置)；

4) 消火栓系统的控制装置；

5) 通风空调、防烟排烟及电动防火阀等控制装置；

6) 电动防火门控制装置、防火卷帘控制器；

7) 消防电梯和非消防电梯的回降控制装置；

8) 火灾警报装置；

9) 火灾应急照明和疏散指示控制装置；

10) 切断非消防电源的控制装置；

11) 电动阀控制装置；

12) 消防联网通信；

13) 系统内的其他控制装置。（条文 5.1.3-1、2、3、4、5、6、7、8、9、10、11、12、13)

(9) 按现行国家标准《火灾自动报警系统设计规范》GB 50116 的设计的各项系统功能进行验收。(条文 5.1.4)

(10) 系统中各装置的安装位置、施工质量和功能等的验收数量应满足下列要求：

1) 各类消防用电设备主、备电源的自动转换装置，应进行 3 次转换试验，每次试验均应正常。

2) 火灾报警控制器（含可燃气体报警控制器）和消防联动控制器应按实际安装数量全部进行功能检验。消防联动控制系统中其他各种用电设备、区域显示器应按下列要求进行功能检验：

a. 实际安装数量在 5 台以下者，全部检验；

b. 实际安装数量在 6～10 台者，抽验 5 台；

c. 实际安装数量超过 10 台者，按实际安装数量 30%～50%的比例抽验，但抽验总数不应少于 5 台；

d. 各装置的安装位置、型号、数量、类别及安装质量应符合设计要求。

3）火灾探测器（含可燃气体探测器）和手动火灾报警按钮，应按下列要求进行模拟火灾响应（可燃气体报警）和故障信号检验：

a. 实际安装数量在100只以下者，抽验20只（每个回路都应抽验）；

b. 实际安装数量超过100只，每个回路按实际安装数量10%～20%的比例抽检，但抽检总数不应少于20只；

c. 被检查的火灾探测器的类别、型号、适用场所、安装高度、保护半径、保护面积和探测器的间距等均应符合设计要求。

4）室内消火栓的功能验收应在出水压力符合现行国家有关建筑设计防火规范的条件下，抽检下列控制功能：

a. 在消防控制室内操作启、停泵1～3次；

b. 消火栓处操作启泵按钮，按实际安装数量5%～10%的比例抽检。

5）自动喷水灭火系统，应在符合现行国家标准《自动喷水灭火系统设计规范》GB 50084的条件下，抽验下列控制功能：

a. 在消防控制室内操作启、停泵1～3次；

b. 水流指示器、信号阀等按实际安装数量的30%～50%的比例抽检；

c. 压力开关、电动阀、电磁阀等按实际安装数量全部进行检验。

6）气体、泡沫、干粉等灭火系统，应在符合国家现行有关系统设计规范的条件下按实际安装数量的20%～30%的比例抽验下列控制功能：

a. 自动、手动启动和紧急切断试验1～3次；

b. 与固定灭火设备联动控制的其他设备动作（包括关闭防火门窗、停止空调风机、关闭防火阀等）试验1～3次。

7）电动防火门、防火卷帘，5樘以下的应全部检验，超过5樘的应按实际安装数量20%的比例抽检，但抽检总数不应少于5樘，并抽验联动控制功能。

8）防烟排烟风机应全部检验，通风空调和防排烟设备的阀门，应按实际安装数量10%～20%的比例抽检，并抽验联动功能，且应符合下列要求：

a. 报警联动启动、消防控制室直接启停、现场手动启动联动防烟排烟风机1～3次；

b. 报警联动停、消防控制室远程停通风空调送风1～3次；

c. 报警联动开启、消防控制室开启、现场手动开启防排烟阀门1～3次。

9）消防电梯应进行1～2次手动控制和联动控制功能检验，非消防电梯应进行1～2次联动返回首层功能检验，其控制功能、信号均应正常。

10）火灾应急广播设备，应按实际安装数量的10%～20%的比例进行下列功能检验：

a. 对所有广播分区进行选区广播，对共用扬声器进行强行切换；

b. 对扩音机和备用扩音机进行全负荷试验；

c. 检查应急广播的逻辑工作和联动功能。

11）消防专用电话的检验，应符合下列要求：

a. 消防控制室与所设的对讲机电话分机进行1～3次通话试验；

b. 电话插孔按实际安装数量10%～20%的比例进行通话试验；

c. 消防控制室的外线电话与另一部外线电话模拟报警电话进行1～3次通话试验。

12）消防应急照明和疏散指示系统控制装置应进行1～3次使系统转入引进状态检验，

系统中各消防应急照明灯具均应能转入应急状态。（条文 5.1.5 — 1、2、3、4、5、6、7、8、9、10、11）

（11）系统工程质量验收判定标准应符合下列要求：

1）系统内的设备及配件规格型号与设计不符、无国家相关证书和检验报告的，系统内的任一控制器和火灾探测器无法发出报警信号、无法实现要求的联动功能的，定为 A 类不合格。

2）验收前提供资料不符合本规范第 5.2.1 条要求的定为 B 类不合格。

3）除 1）2）款规定的 A、B 类不合格外，其余不合格项均为 C 类不合格。

4）系统验收合格判定应为：A=0，且 B≤2，且 B+C≤检查项的 5%为合格，否则为不合格。（条文 5.1.7-1、2、3、4）

六、《风机、压缩机、泵安装工程施工及验收规范》GB 50275—2010

（一）主要内容

本规范适用于离心通风机、离心鼓风机、轴流通风机、轴流鼓风机、罗茨和叶氏鼓风机、防爆通风机和消防排烟通风机；容积式的往复活塞式、螺杆式、滑片式、隔膜式压缩机、轴流压缩机和离心压缩机；离心泵、井用泵、隔膜泵、计量泵、混流泵、轴流泵、旋涡泵、螺杆泵、齿轮泵、转子式泵、潜水泵、水轮泵、水环泵、往复泵等安装工程施工及验收。

本规范分 5 章、3 个附录，共 163 条，其中强制性条文 3 条。主要内容包括：总则、风机、压缩机、泵、工程验收等。

（二）各章概述

为了便于学习，编制了《风机、压缩机、泵安装工程施工及验收规范》一览表，见表 2-15。

《风机、压缩机、泵安装工程施工及验收规范》一览表　　表 2-15

序号	名称	内容			概述
		条目（条）	一般条文（条）	强制性条文（条）	
第一章	总则	3	3		编制目的、适用范围、执行本标准与执行其他标准规范之间关系
第二章	风机	60	39	1	分 7 节，2.1 节为风机安装的基本规定；2.2～2.7 分别对离心通风机、轴流通风机、罗茨和叶氏鼓风机、离心鼓风机、轴流鼓风机、防爆通风机和消防排烟通风机等设备安装工程的施工及验收提出要求。 其中 2.3.6 条为强制性条文
第三章	压缩机	43	79	1	分 8 节，3.1 节为压缩机安装的基本规定；3.2～3.8 分别对整体出厂的压缩机、解体出厂的往复活塞式压缩机、附属设备、压缩机的试运转；无润滑压缩机、螺杆式压缩机、离心压缩机和轴流压缩机等安装工程的施工及验收提出要求。 其中 3.1.1 条为强制性条文

续表

序号	名称	内容			概述
		条目（条）	一般条文（条）	强制性条文（条）	
第四章	泵	55	0	1	分8节，4.1节为泵安装的基本规定；4.2～4.8分别对离心泵、井用泵、混流泵、轴流泵和旋涡泵、往复泵、隔膜泵和计量泵、螺杆泵、齿轮泵和转子式泵、水环式真空泵等安装工程施工及验收提出要求。 其中4.7.1条为强制性条文
第五章	工程验收	2	0	0	对风机、压缩机、泵试运转合格后的工程验收提出要求
合计		163	160	3	

（三）强制性条文

（1）轴流通风机启动后调节叶片时，电流不得大于电动机的额定电流值；轴流通风机运行时，严禁停留于喘振工况内。（条文2.3.6-3）

（2）压缩机或压力容器内部严禁使用明火查看。（条文3.1.1-5）

（3）潜水螺杆泵必须有可靠的接地装置和接地线。（条文4.7.1-2）

七、《制冷设备、空气分离设备安装工程施工及验收规范》GB 50274—2010

（一）主要内容

本规范适用于活塞式、螺杆式、离心式压缩机为主机的压缩式制冷设备、溴化锂吸收式制冷机组、组合冷库和低温法制取氧、氮和稀有气体的空气分离设备安装的工程施工及验收。

本规范分4章、2个附录，共129条，其中强制性条文5条。主要内容包括：总则、制冷设备、空气分离设备、工程验收等。

（二）各章概述

为了便于学习，编制了《制冷设备、空气分离设备安装工程施工及验收规范》一览表，见表2-16。

《制冷设备、空气分离设备安装工程施工及验收规范》一览表　　表2-16

序号	名称	内容			概述
		条目（条）	一般条文（条）	强制性条文（条）	
第一章	总则	3	3		编制目的、适用范围、配套使用标准、执行本标准与执行其他标准规范之间关系
第二章	制冷设备	40	39	1	分6节，2.1节为制冷设备安装的基本规定；2.2～2.6分别对活塞式制冷压缩机组、螺杆式制冷压缩机组、离心式制冷机组、溴化锂吸收式制冷机组、组合冷库等设备的施工及验收提出要求。 其中2.1.10条为强制性条文

续表

序号	名称	内容			概 述
		条目（条）	一般条文（条）	强制性条文（条）	
第三章	空气分离设备	83	79	4	分14节，3.1节为空气分离设备安装的基本规定；3.2～3.14分别对分馏塔组装、吹扫、整体试压、整体裸冷试验、装填绝热材料；对稀有气体提取设备、透平式膨胀机、活塞式膨胀机、离心式低温液体泵、柱塞式低温液体泵、回热式低温制冷机、其他设备的施工及验收；以及成套空气设备试运转等提出要求。 其中3.1.4、3.1.9、3.1.10.、3.13.5-7条为强制性条文
第四章	工程验收	3	0	0	对制冷设备、空气分离设备系统负荷试运转后的工程验收提出要求
合计		129	124	5	

（三）强制性条文

（1）制冷剂充灌和制冷机组试运转过程中，严禁向周围环境排放制冷剂。（条文2.1.10）

（2）与氧或富氧介质接触的设备、管路、阀门和各忌油设备均应进行脱脂处理。（条文3.1.4-1）

（3）氧气管道中的切断阀，严禁使用闸阀。（条文3.1.9）

（4）氧气管道必须设置防静电接地。每对法兰或螺纹连接间的电阻值超过0.03Ω时，应设置导线跨接。（条文3.1.10）

（5）液氧容器安置在室外时，必须设置防静电接地和防雷击装置。（条文3.13.5-7）

第三节 安全技术规范

一、《建筑施工塔式起重机安装、使用、拆卸安全技术规程》JGJ 196—2010

（一）主要内容

本规范适用于房屋建筑工程、市政工程所使用的塔式起重机的安装、使用和拆卸。

本规范分6章、3个附录，共105条，其中强制性条文9条。

本规范对建筑施工塔式起重机安装、使用、拆除中对人员、设备、施工方案、作业要求作了规定。

附录中的自检及验收表可供作业中应用。

（二）各章概述

为便于学习，编制了《建筑施工塔式起重机安装、使用、拆卸安全技术规程》一览表，见表2-17。

《建筑施工塔式起重机安装、使用、拆卸安全技术规程》一览表　　表 2-17

序号	名称	内容			概　述
		条目（条）	一般要求（条）	强制性条文（条）	
第一章	总则	4	4	0	编制目的、适用范围、编制依据
第二章	基本规定	18	14	4	规定了从事塔式起重机安装、拆卸业务的企业资质、从业人员资格及对设备及专项施工方案，安全作业基本要求作业规定。 其中 2.0.3，2.0.9，2.0.14，2.0.16 条为强制性条文
第三章	塔式起重机的安装	34	32	2	规定了塔式起重机的安装条件，对塔式起重机的基础及附着装置的设计作业规定，对安装作业全过程满足安全要求明确
第四章	塔式起重机的使用	23	21	2	对塔式起重机使用中涉及的操作人员、保护装置、作业方法及设备等作业规定。 其中 4.0.2，4.0.3 条为强制性条文
第五章	塔式起重机的拆卸	8	7	1	对塔式起重机的拆卸顺序、方法作业规定。 其中 5.0.7 条为强制性条文
第六章	吊索具的使用	18	18	0	对塔式起重机安装、使用、拆卸时，对起重吊具、索具作业一般规定，并对钢丝绳、吊钩与滑轮作业明确规定
合计（条）		105	96	9	

（三）强制性条文

（1）塔式起重机安装、拆卸作业应配备下列人员：

1）持有安全生产合格证书的项目和安全负责人、机械管理人员；

2）具有建筑施工特种作业操作资格证书的建筑施工塔式起重机械安装拆卸工、塔式起重机信号工、塔式起重机司机、塔式起重机司索工等特种作业操作人员。（条文 2.0.3）

（2）有下列情况的塔式起重机严禁使用：

1）国家明令淘汰的产品；

2）超过规定使用年限经评估不合格的产品；

3）不符合国家或行业标准的产品；

4）没有完整安全技术档案的产品。（条文 2.0.9）

（3）当多台塔式起重机在同一施工现场交叉作业时，应编制专项方案，并应采取防碰撞的安全措施。任意两台塔式起重机之间的最小架设距离应符合下列规定：

1）低位塔式起重机的起重臂端部与另一台塔式起重机的塔身之间的距离不得小于 2m；

2）高位塔式起重机的最低位置的部件（或吊钩升至最高点或平衡重的最低部位）与低位塔式起重机中处于最高位置部件之间的垂直距离不得小于 2m。（条文 2.0.14）

(4) 塔式起重机在安装前和使用过程中，发现有下列情况之一的，不得安装和使用：

1) 结构件上有可见裂纹和严重锈蚀的；

2) 主要受力构件存在塑性变形的；

3) 连接件存在严重磨损和塑性变形的；

4) 钢丝绳达到报废标准的；

5) 安全装置不齐全或失效的。(条文 2.0.16)

(5) 塔式起重机的安全装置必须齐全，并应按程序进行调试合格。(条文 3.4.12)

(6) 连接件及其防松防脱件严禁用其他代用品代用。连接件及其防松防脱件应使用力矩扳手或专用工具紧固连接螺栓。(条文 3.4.13)

(7) 塔式起重机使用前，应对起重司机、起重信号工、司索工等作业人员进行安全技术交底。(条文 4.0.2)

(8) 塔式起重机的力矩限制器、重量限制器、变幅限位器、行走限位器、高度限位器等安全保护装置不得随意调整和拆除，严禁用限位装置代替操纵机构。(条文 4.0.3)

(9) 拆卸时应先降节、后拆除附着装置。(条文 5.0.7)

二、《建筑施工模板安全技术规范》JGJ 162—2008

(一) 主要内容

本规范适用于建筑施工中现浇混凝土工程模板体系的设计、制作、安装和拆除。

本规范分 8 章、4 个附录，共 200 条，其中强制性条文 3 条。

本规范对模板的材料、荷载及变形值、设计、安装、拆除，模板构造作了规定。

(二) 各章概述

为便于学习，编制了《建筑施工模板安全技术规范》一览表，见表 2-18。

《建筑施工模板安全技术规范》一览表 表 2-18

序号	名称	内容			概述
		条目(条)	一般要求(条)	强制性条文(条)	
第一章	总则	4	4	0	编制目的、适用范围、编制依据
第二章	术语、符号	17	17	0	
第三章	材料选用	28	28	0	分 5 节，分别对钢材、冷弯薄壁型钢、木材、铝合金型材及竹、木胶合模板板材质量标准、技术性能作出规定
第四章	荷载及变形值的规定	15	15	0	分 4 节，规定了永久荷载和可变荷载的标准值。对荷载设计值、荷载组合及变形值做出了规定
第五章	设计	23	22	1	分 3 节，对模板极其支架的设计做出规定，对现浇混凝土模板的面板、支承楞梁，对拉螺栓、柱箍及各种立柱的设计计算做出规定。其中 5.1.6 条为强制性条文

续表

序号	名称	内容			概述
		条目（条）	一般要求（条）	强制性条文（条）	
第六章	模板构造与安装	49	47	2	分6节，对模板安装前的安全技术准备工作及模板构造与安装作业一般规定。对支架立柱、普通模板构造与安装、爬升模板、飞模、隧道模做出规定。其中6.1.9，6.2.4条为强制性条文
第七章	模板拆除	42	42	0	分7节，对模板拆除要求做出规定。对支架立柱拆除、普通模板拆除、特殊模板拆除、爬升模板拆除、飞模拆除、隧道模拆除分别做出具体规定
第八章	安全管理	22	22	0	对模板安装和拆除作业的安全作业规定。对使用后的模板整理提出要求
合计（条）		200	197	3	

（三）强制性条文

（1）模板结构构件的长细比应符合下列规定：

1）受压构件长细比：支架立柱及桁架，不应大于150；拉条、缀条、斜撑等连系构件，不应大于200；

2）受拉构件长细比：钢杆件，不应大于350；木杆件，不应大于250。（条文5.1.6）

（2）支撑梁、板的支架立柱构造与安装应符合下列规定：

1）梁和板的立柱，其纵横向间距应相等或成倍数。

2）木立柱底部应设垫木，顶部应设支撑头。钢管立柱底部应设垫木和底座，顶部应设可调支托，U形支托与楞梁两侧间如有间隙，必须楔紧，其螺杆伸出钢管顶部不大于200mm，螺杆外径与立柱钢管内径的间隙不大于3mm，安装时应保证上下同心。

3）在立柱底距地面200mm高处，沿纵横水平方向应按纵下横上的顺序设扫地杆。可调支托底部的立柱顶端应沿纵横向设置一道水平拉杆。扫地杆与顶部水平拉杆之间的间距，在满足模板设计所确定的水平拉杆步距要求条件下，进行平均分配确定步距后，在每一步距处纵横向应各设一道水平拉杆。当层高在8～20m时，在最顶两步距水平拉杆中间应分别增加一道水平拉杆。所有水平拉杆的端部均应与四周建筑物顶紧顶牢。无处可顶时，应在水平拉杆端部和中部沿竖向设置连续式剪刀撑。

4）木立柱的扫地杆、水平拉杆、剪刀撑应采用40mm×50mm木条或25mm×80mm的木板条与木立柱钉牢。钢管立柱的扫地杆、水平拉杆、剪刀撑应采用A48mm×35mm钢管，用扣件与钢管立柱扣牢。木扫地杆、水平拉杆、剪刀撑应采用搭接，并应采用铁钉钉牢。钢管扫地杆、水平拉杆应采用对接，剪刀撑应采用搭接，搭接长度不得小于500mm，并采用两个旋转扣件分别在离杆端不小于100mm处固定。（条文6.1.9）

（3）当采用扣件式钢管作立柱支撑时，其构造与安装应符合下列规定：

1）钢管规格、间距、扣件应符合设计要求。每根立柱底部应设置底座及垫板，垫板厚度不得小于50mm。

2）钢管支架立柱间距、扫地杆、水平拉杆、剪刀撑的设置应符合本规范第6.1.9条的规定。当立柱底部不在同一高度时，高处的纵向扫地杆应向低处延长不少于两跨，高低差不得大于1m，立柱距边坡上方边缘不得小于0.5m。

3）立柱接长严禁搭接，必须采用对接扣件连接，相邻两立柱的对接接头不得在同步内，且对接接头沿竖向错开的距离不宜小于500mm，各接头中心距主节点不宜大于步距的1/3。

4）严禁将上段的钢管立柱与下段钢管立柱错开固定在水平拉杆上。

5）满堂模板和共享空间模板支架立柱，在外侧周圈应设由下至上的竖向连续式剪刀撑；中间在纵横向应每隔10m左右设由下至上的竖向连续式剪刀撑，其宽度宜为4～6m，并在剪刀撑部位的顶部，扫地杆处设置水平剪刀撑。剪刀撑杆件的底端应与地面顶紧，夹角宜为45°～60°。当建筑层高在8～20m时除应满足上述规定外，还应在纵横向相邻的两竖向连续式剪刀撑之间增加之字斜撑，在有水平剪刀撑的部位，应在每个剪刀撑中间处增加一道水平剪刀撑。当建筑层高超过20m时，在满足以上规定的基础上，应将所有之字斜撑全部改为连续式剪刀撑。

6）当支架立柱高度超过5m时，应在立柱周圈外侧和中间有结构柱的部位，按水平间距6～9m，竖向间距2～3m与建筑结构设置一个固结点。（条文6.2.4）

三、《建筑施工扣件式钢管脚手架安全技术规范》JGJ 130—2011

（一）主要内容

本规范适用于房屋建筑工程和市政工程等施工用落地式单、双排扣件式钢管脚手架、满堂扣件式、型钢悬挑扣件式脚手架、满堂扣件式钢管支撑架的设计、施工及验收。

本规范分9章、4个附录，共232条，其中强制性条文16条。

（二）各章概述

为便于学习，编制了《建筑施工扣件式钢管脚手架安全技术规范》一览表，见表2-19。

《建筑施工扣件式钢管脚手架安全技术规范》一览表　　表2-19

序号	名称	内容			概述
		条目（条）	一般要求（条）	强制性条文（条）	
第一章	总则	4	4	0	编制目的、适用范围、编制依据
第二章	术语和符号	30	30	0	
第三章	构配件	13	12	1	分5节，对钢管、扣件、脚手板、可调托撑、悬挑脚手架用型钢等构配件的使用作出规定。其中3.4.3条为强制性条文
第四章	荷载	13	13	0	分3节，对荷载分类、荷载标准值及荷载效应组合结合相关规范要求作出规定

续表

序号	名称	内容			概述
		条目（条）	一般要求（条）	强制性条文（条）	
第五章	设计计算	50	50	0	分6节，对脚手架的承载能力设计作出基本设计规定。对单、双排脚手架，满堂脚手架，满堂支撑架，脚手架地基承载力及型钢悬挑脚手架的计算分别作出规定
第六章	构造要求	63	57	6	分10节，对常用单、双排脚手架设计尺寸、纵横向水平杆、脚手板、立杆、连墙件、门洞、剪刀撑与横向斜撑、斜道、满堂脚手架、满堂支撑架、型钢悬挑脚手架作出具体规定。其中6.2.3、6.3.3、6.3.5、6.4.4、6.6.3、6.6.5条为强制性条文
第七章	施工	27	25	2	分4节，对脚手架施工的准备工作、地基与基础、搭设和拆除作出规定。其中7.4.2、7.4.5条为强制性条文
第八章	检查与验收	13	12	1	分2节，对脚手架使用的构配件规定了检查验收要求。对脚手架基础及脚手架使用作出检查验收规定。其中8.1.4条为强制性条文
第九章	安全管理	19	13	6	本章对脚手架施工的作业人员及相关工作提出安全管理方面的要求。其中9.0.1、9.0.4、9.0.5、9.0.7、9.0.13、9.0.14条为强制性条文
合计（条）		232	216	16	

（三）强制性条文

（1）可调托撑受压承载力设计值不应小于40kN，支托板厚不应小于5mm。（条文3.4.3）

（2）主节点处必须设置一根横向水平杆，用直角扣件扣接且严禁拆除。（条文6.2.3）

（3）脚手架立杆基础不在同一高度上时，必须将高处的纵向扫地杆向低处延长两跨与立杆固定，高低差不应大于1m。靠边坡上方的立杆轴线到边坡的距离不应小于500mm。（条文6.3.3）

（4）单排、双排与满堂脚手架立杆接长除顶层顶步外，其余各层各步接头必须采用对接扣件连接。（条文6.3.5）

（5）开口型脚手架的两端必须设置连墙件，连墙件的垂直间距不应大于建筑物的层高，并且不应大于4m。（条文6.4.4）

（6）高度在24m及以上的双排脚手架应在外侧全立面连续设置剪刀撑；高度在24m以下的单、双排脚手架，均必须在外侧两端、转角及中间间隔不超过15m的立面上，各设置一道剪刀撑，并应由底至顶连续设置。（条文6.6.3）

（7）开口型双排脚手架的两端均必须设置横向斜撑。（条文6.6.5）

（8）单、双排脚手架拆除作业必须由上而下逐层进行，严禁上下同时作业；连墙件必须随脚手架逐层拆除，严禁先将连墙件整层或数层拆除后再拆脚手架；分段拆除高差大于两步时，应增设连墙件加固。（条文7.4.2）

(9) 卸料时各构配件严禁抛掷至地面。(条文 7.4.5)

(10) 扣件进入施工现场应检查产品合格证，并应进行抽样复试，技术性能应符合现行国家标准《钢管脚手架扣件》GB 15831 的规定。扣件在使用前应逐个挑选，有裂缝、变形、螺栓出现滑丝的严禁使用。(条文 8.1.4)

(11) 扣件式钢管脚手架安装与拆除人员必须是经考核合格的专业架子工。架子工应持证上岗。(条文 9.0.1)

(12) 钢管上严禁打孔。(条文 9.0.4)

(13) 作业层上的施工荷载应符合设计要求，不得超载。不得将模板支架、缆风绳、泵送混凝土和砂浆的输送管等固定在架体上；严禁悬挂起重设备，严禁拆除或移动架体上安全防护设施。(条文 9.0.5)

(14) 满堂支撑架顶部的实际荷载不得超过设计规定。(条文 9.0.7)

(15) 在脚手架使用期间，严禁拆除下列杆件：

1) 主节点处的纵、横向水平杆，纵、横向扫地杆；

2) 连墙件。(条文 9.0.13)

(16) 当在脚手架使用过程中开挖脚手架基础下的设备基础或管沟时，必须对脚手架采取加固措施。(条文 9.0.14)

四、《建筑施工工具式脚手架安全技术规范》JGJ 202—2010

(一) 主要内容

本规范适用于建筑施工中使用的工具式脚手架包括附着式升降脚手架、高处作业吊篮、外挂附护架的设计、制作、安装、拆除、使用及安全管理。

本规范分 8 章、1 个附录，共 266 条，其中强制性条文 19 条。

本规范对附着式升降脚手架、高处作业吊篮、外挂附护架的设计、安装、使用、拆除作业依据作出了规定。

(二) 各章概述

为便于学习，编制了《建筑施工工具是脚手架安全技术规范》一览表，见表 2-20。

《建筑施工工具式脚手架安全技术规范》一览表　　表 2-20

序号	名称	内容			概述
		条目(条)	一般要求(条)	强制性条文(条)	
第一章	总则	3	3	0	编制目的、适用范围、编制依据
第二章	术语和符号	35	35	0	
第三章	构配件性能	15	15	0	本章对工具式脚手架构配件、架体结构、高处作业吊篮，应该更换或报废做出相应的规定
第四章	附着式升降脚手架	79	74	5	分 9 节，对附着式升降脚手架的荷载、设计计算、构件、结构计算、构造措施、安全装置等设计要求做出规定。对安装、升降使用、拆除等做出规定。其中 4.4.2、4.4.5、4.4.10、4.5.1、4.5.3 条为强制性条文

续表

序号	名称	内容			概述
		条目（条）	一般要求（条）	强制性条文（条）	
第五章	高处作业吊篮	59	54	5	分6节，对高处作业吊篮的荷载、设计计算、构造措施及安装使用、拆除做出规定。其中5.2.11、5.4.7、5.4.10、5.4.13、5.5.8条为强制性条文
第六章	外挂防护架	44	38	6	分6节，对外挂防护架荷载、设计计算、构造措施及安装提升、拆除做出规定。其中6.3.1、6.3.4、6.5.1、6.5.7、6.5.10、6.5.11条为强制性条文
第七章	管理	21	19	2	本章对工具式脚手架专项施工方案、施工单位、作业人员及施工过程中确保安全做出了具体的规定。其中7.0.1、7.0.3条为强制性条文
第八章	验收	10	9	1	分3节，分别对附着式升降脚手架、高处作业吊篮、外挂防护架的使用规定验收程序并提供相应的验收用表。其中8.2.1条为强制性条文
合计（条）		266	247	19	

（三）强制性条文

（1）附着式升降脚手架结构构造的尺寸应符合下列规定：

1）架体结构高度不应大于5倍楼层高；

2）架体宽度不应大于1.2m；

3）直线布置的架体支承跨度不应大于7m，折线或曲线布置的架体，相邻两主框架支承点处架体外侧距离不得大于5.4m；

4）架体的水平悬挑长度不得大于2m，且不大于跨度的1/2；

5）架体全高与支承跨度的乘积不应大于110m^2。（条文4.4.2）

（2）附着支承结构应包括附墙支座、悬臂梁及斜拉杆，其构造应符合下列规定：

1）竖向主框架所覆盖的每一楼层处应设置一道附墙支座；

2）在使用工况时，应将竖向主框架固定于附墙支座上；

3）在升降工况时，附墙支座上应设有防倾、导向的结构装置；

4）附墙支座应采用锚固螺栓与建筑物连接，受拉螺栓的螺母不得少于2个或应采用弹簧垫片加单螺母，螺杆露出螺母端部的长度不应少于3扣，且不得小于10mm，垫板尺寸应由设计确定，且不得小于100mm×100 mm×10mm；

5）附墙支座支承在建筑物上连接处混凝土的强度应按设计要求确定，但不得小于C10。（条文4.4.5）

（3）物料平台不得与附着式升降脚手架各部位和各结构构件相连，其荷载应直接传递给建筑工程结构。（条文4.4.10）

（4）附着式升降脚手架必须具有防倾覆、防坠落和同步升降控制的安全装置。（条文4.5.1）

（5）防坠落装置必须符合下列规定：

1）防坠落装置应设置在竖向主框架处并附着在建筑结构上，每一升降点不得少于1个防坠落装置，防坠落装置在使用和升降工况下都必须起作用；

2）防坠落装置必须是机械式全自动装置，严禁使用每次升降都需重组的手动装置；

3）防坠落装置技术性能除应满足承载能力要求外，还应符合表2-20a的规定；

防坠落装置技术性能 **表2-20a**

脚手架类别	制动距离（mm）	脚手架类别	制动距离（mm）
整体式升降脚手架	≤80	单片式升降脚手架	≤150

4）防坠落装置应具有防尘、防污染的措施，并应灵敏可靠和运转自如；

5）防坠落装置与升降设备必须分别独立固定在建筑结构上；

6）钢吊杆式防坠落装置，钢吊杆规格应由计算确定，且不应小于ϕ25mm。（条文4.5.3）

（6）悬挂吊篮的支架支撑点处结构的承载能力，应大于所选择吊篮各工况荷载的最大值。（条文5.2.11）

（7）悬挂机构前支架严禁支撑在女儿墙上、女儿墙外或建筑物挑檐边缘。（条文5.4.7）

（8）配重件应稳定可靠地安放在配重架上，并应有防止随意移动的措施。严禁使用破损的配重件或其他替代物。配重件的重量应符合设计规定。（条文5.4.10）

（9）悬挂机构前支架应与支撑面保持垂直，脚轮不得受力。（条文5.4.13）

（10）吊篮内的作业人员不应超过2个。（条文5.5.8）

（11）在提升状况下，三角臂应能绕竖向桁架自由转动；在工作状况下，三角臂与竖向桁架之间应采用定位装置防止三角臂转动。（条文6.3.1）

（12）每处连墙件应至少有2套杆件，每一套杆件应能够独立承受架体上的全部荷载。（条文6.3.4）

（13）防护架的提升索具应使用现行国家标准《重要用途钢丝绳》GB 8918规定的钢丝绳。钢丝绳直径不应小于12.5mm。（条文6.5.1）

（14）当防护架提升、下降时，操作人员必须站在建筑物内或相邻的架体上，严禁站在防护架上操作；架体安装完毕前，严禁上人。（条文6.5.7）

（15）防护架在提升时，必须按照“提升一片、固定一片、封闭一片”的原则进行，严禁提前拆除两片以上的架体、分片处的连接杆、立面及底部封闭设施。（条文6.5.10）

（16）在每次防护架提升后，必须逐一检查扣件紧固程度；所有连接扣件拧紧力矩必须达到40～65N·m。（条文6.5.11）

（17）工具式脚手架安装前，应根据工程结构、施工环境等特点编制专项施工方案，并应经总承包单位技术负责人审批、项目总监理工程师审核后实施。（条文7.0.1）

（18）总承包单位必须将工具式脚手架专业工程发包给具有相应资质等级的专业队伍，并应签订专业承包合同，明确总包、分包或租赁等各方的安全生产责任。（条文7.0.3）

（19）高处作业吊篮在使用前必须经过施工、安装、监理等单位的验收，未经验收或验收不合格的吊篮不得使用。（条文8.2.1）

五、《建筑施工门式钢管脚手架安全技术规范》JGJ 128—2010

（一）主要内容

本规范适用于房屋建筑与市政工程施工中采用的门式钢管脚手架搭设的落地式脚手架、悬挑脚手架、满堂脚手架与模板支架的设计、施工和使用。

本规范分9章、2个附录，共216条，其中强制性条文13条。

（二）各章概述

为便于学习，编制《建筑施工门式钢管脚手架安全技术规范》一览表，见表2-21。

《建筑施工门式钢管脚手架安全技术规范》一览表　　表2-21

序　号	名　称	内容 条目（条）	内容 一般要求（条）	内容 强制性条文（条）	概　　述
第一章	总则	4	4	0	编制目的、适用范围、编制依据
第二章	术语和符号	29	29	0	
第三章	构配件	11	11	0	规定了门架的材料、配件应符合相关规范的要求
第四章	荷载	14	14	0	对作用于门式脚手架或模板支架的荷载进行分类；对门架及配件的自重确定了标准值；对施工荷载和风荷载作出了规定；对荷载计算，给出分配系数和荷载效应组合的规定
第五章	设计计算	36	36	0	除了基本规定，对稳定性及搭设高度的计算、连墙件计算、满堂脚手架计算、模板支架计算、门架立杆地基承载力验算及悬挑脚手架支承结构计算，分别作出相应的规定
第六章	构造要求	65	61	4	本章对门架及其使用中的相关构造要求作出规定。其中6.1.2、6.3.1、6.5.3及6.8.2条为强制性条文
第七章	搭设与拆除	21	18	3	本章对搭设与拆除的施工准备、地基基础及搭设拆除的程序、方案作出规定。其中7.3.4、7.4.2、7.4.5条为强制性条文
第八章	检查与验收	19	19	0	本章对搭设前的材料及配件检查，搭设后的验收，使用过程中的检查及拆除前检查作出了规定，提供了允许偏差和验收方法
第九章	安全管理	17	11	6	本章对施工作业安全作出规定。其中9.0.3、9.0.4、9.0.7、9.0.8、9.0.14、9.0.16条为强制性条文
合计（条）		216	203	13	

（三）强制性条文

（1）不同型号的门架与配件严禁混合使用。（条文6.1.2）

（2）门式脚手架剪刀撑的设置必须符合下列规定：

1）当门式脚手架搭设的高度在24m及以下时，在脚手架的转角处、两端及中间间隔不超过15m的外侧立面必须各设置一道剪刀撑，并应由底至顶连续设置；

2）当脚手架搭设高度超过24m时，在脚手架全外侧立面上必须设置连续剪刀撑；

3）对于悬挑脚手架，在脚手架全外侧立面上必须设置连续剪刀撑。（条文6.3.1）

（3）在门式脚手架的转角处或开口型脚手架端部，必须增设连墙件，连墙件的垂直间距不应大于建筑物的层高，且不应大于4.0m。（条文6.5.3）

（4）门式脚手架与模板支架的搭设场地必须平整坚实，并应符合下列规定：

1）回填土应分层回填，逐层夯实；

2）场地排水应顺畅，不应有积水。（条文6.8.2）

（5）门式脚手架连墙件的安装必须符合下列规定：

1）连墙件的安装必须随脚手架搭设同步进行，严禁滞后安装；

2）当脚手架操作层高出相邻连墙件以上两步时，在连墙件安装完毕前必须采取确保脚手架稳定的临时拉结措施。（条文7.3.4）

（6）拆除作业必须符合下列规定：

1）架体的拆除应从上而下逐层进行，严禁上下同时作业；

2）同一层的构配件和加固杆件必须按先上后下、先外后内的顺序进行拆除；

3）连墙件必须随脚手架逐层拆除，严禁先将连墙件整层或数层拆除后再拆架体。拆除作业过程中，当架体的自由高度大于两步时，必须加设临时拉结；

4）连接门架的剪刀撑等加固杆件必须在拆卸该门架时拆除。（条文7.4.2）

（7）门架与配件应采用机械或人工运至地面，严禁抛投。（条文7.4.5）

（8）门式脚手架与模板支架作业层上严禁超载。（条文9.0.3）

（9）严禁将模板支架、缆风绳、混凝土泵管、卸料平台等固定在门式脚手架上。（条文9.0.4）

（10）在门式脚手架使用期间，脚手架基础附近严禁进行挖掘作业。（条文9.0.7）

（11）满堂脚手架与模板支架的交叉支撑和加固杆，在施工期间禁止拆除。（条文9.0.8）

（12）在门式脚手架或模板支架上进行电、气焊作业时，必须有防火措施和专人看护。（条文9.0.14）

（13）搭拆门式脚手架或模板支架作业时，必须设置警戒线、警戒标志，并应派专人看守，严禁非作业人员入内。（条文9.0.16）

六、《液压升降整体脚手架安全技术规程》JGJ 183—2009

（一）主要内容

本规范适用于高层、超高层建（构）筑物不带外模板的千斤顶式或油缸式液压升降机整体脚手架的设计、制作、安装、检验、使用、拆除和管理。

本规范分8章、6个附录，共140条，其中强制性条文3条。

（二）各章概述

为便于学习，编制了《液压升降整体脚手架安全技术规程》一览表，见表2-22。

《液压升降整体脚手架安全技术规程》一览表 表 2-22

序 号	名 称	内 容			概 述
		条目（条）	一般要求（条）	强制性条文（条）	
第一章	总则	3	3	0	编制目的、适用范围、编制依据
第二章	术语和符号	21	21	0	
第三章	基本规定	4	3	1	对液压升降整体脚手架产品必须符合设计要求和型式检验作出规定，对产品使用及安装操作人员作出规定。其中 3.0.1 条为强制性条文
第四章	架体结构	13	13	0	对架体结构尺寸、竖向主框架、水平支承、附着支承、工作脚手架、加强部位作出了规定并对安全防护措施提出了要求
第五章	设计及计算	25	25	0	分 2 节，对荷载取值做出规定，对结构的设计以及附着支承、导轨、防坠落装置、索具、吊具、穿墙螺栓作出了规定
第六章	液压升降装置	21	21	0	分 3 节，对液压升降装置提出了技术要求，对液压控制系统的性能检验及使用与维护也作出规定
第七章	安全装置	14	12	2	分 3 节，对防坠落装置、防倾覆装置、荷载控制或同步控制装置等安全装置作出了规定。其中 7.1.1，7.2.7 条为强制性条文
第八章	安装、升降、使用、拆除	39	39	0	分 5 节，对人员、作业条件做出一般规定，分别对安装、升降、使用和拆除满足安全要求作出了规定
合计（条）		140	137	3	

(三) 强制性条文

(1) 液压升降整体脚手架架体及附着支承结构的强度、刚度和稳定性，必须符合设计要求，防坠落装置必须灵敏、制动可靠，防倾覆装置必须稳固、安全可靠。(条文 3.0.1)

(2) 液压升降整体脚手架的每个机位必须设置防坠落装置，防坠落装置的制动距离不得大于 80mm。(条文 7.1.1)

(3) 液压升降整体脚手架在升降工况下，竖向主框架位置的最上附着支承和最下附着支承之间的最小间距不得小于 2.8m 或 1/4 架体高度；在使用工况下，竖向主框架位置的最上附着支承和最下附着支承之间的最小间距不得小于 5.6m 或 1/2 架体高度。(条文 7.2.1)

七、《建筑施工升降机安装、使用、拆卸安全技术规程》JGJ 215—2010

(一) 主要内容

本规范适用于房屋建筑工程、市政工程所用的齿轮齿条式、钢丝绳式人货两用施工升降的安装、使用和拆卸。

本规范分 6 章、6 个附录，共 131 条，其中强制性条文 5 条。

本规范对施工升降机的安装、使用、拆卸作业中涉及的相关工作依据作出了规定，附录中的自检及验收表可供作业中应用。

（二）各章概述

为便于学习，编制了《建筑施工升降机安装使用拆卸安全技术规程》一览表，见表 2-23。

《建筑施工升降机安装使用拆卸安全技术规程》一览表　　表 2-23

序号	名称	内容			概述
		条目（条）	一般要求（条）	强制性条文（条）	
第一章	总则	3	3	0	编制目的、适用范围、编制依据
第二章	术语	12	12	0	
第三章	基本规定	11	11	0	规定了施工升降机安装单位、施工总承包单位、监理单位相应的工作要求
第四章	施工升降机的安装	46	44	2	规定了施工升降机安装条件，特别提出不得安装使用的 5 种情况，对安装作业过程安装完成后的自检和验收作出了规定。其中 4.1.6 和 4.2.10 条为强制性条文
第五章	施工升降机的使用	50	47	3	分 3 节，对施工升降机使用前准备工作，操作使用检查、保养和维修相关工作作出规定。其中 5.2.2、5.2.10、5.3.9 条为强制性条文
第六章	施工升降机的拆卸	9	9	0	本章对施工升降机的拆卸前及拆卸过程作业作出相关规定
合计（条）		131	126	5	

（三）强制性条文

（1）有下列情况之一的施工升降机不得安装使用：

1）属国家明令淘汰或禁示使用的；

2）超过由安全技术标准或制造厂家规定使用年限的；

3）经检验达不到安全技术标准规定的；

4）无完整安全技术档案的；

5）无齐全有效的安全保护装置的。（条文 4.1.6）

（2）安装作业时必须将按钮盒或操作盒移至吊笼顶部操作。当导轨架或附墙架上有人员作业时，严禁开动施工升降机。（条文 4.2.10）

（3）严禁施工升降机使用超过有效标定期的防坠安全器。（条文 5.2.2）

（4）严禁用行程限位开关作为停止运行的控制开关。（条文 5.2.10）

（5）严禁在施工升降机运行中进行保养、维修作业。（条文 5.3.9）

八、《施工现场机械设备检查技术规程》JGJ 160—2008

（一）主要内容

本规程适用于新建、改扩建的工业与民用建筑及市政基础设施施工现场使用的机械设备检查。

本规程分 12 章，共 522 条，其中强制性条文 20 条。

（二）各章概述

为便于学习，编制了《施工现场机械设备检查技术规程》一览表，见表 2-24。

《施工现场机械设备检查技术规程》一览表　　表 2-24

序号	名称	内容：条目（条）	内容：一般要求（条）	内容：强制性条文（条）	概述
第一章	总则	4	4	0	编制目的、适用范围、编制依据
第二章	术语	30	30	0	
第三章	动力设备及低压配电系统	30	25	5	本章对柴油发动机组、空气压缩机及附属设备、低压配电系统对施工现场的使用单位提出要求。其中 3.1.5、3.3.2、3.3.4、3.3.5、3.3.12 条为强制性条文
第四章	土方及筑路机械	71	71	0	本章对土方及筑路机械的使用作出了一般规定，并分别对推土机、履带式单斗液压挖掘机、光轮压路机、轮胎驱动振动压路机、轮胎压路机、平地机、轮胎式装载机及稳定土拌合机、履带式沥青混凝土摊铺机、沥青混凝土搅拌设备提出使用要求
第五章	桩工机械	59	59	0	本章对桩工机械的使用作出一般规定，并分别对履带式打桩架（三支点式）、步履带式打桩架、静力压桩及转盘钻孔机、螺旋钻孔机、筒式柴油打桩锤、振动桩锤分别提出使用要求
第六章	起重机械与垂直运输机械	146	132	14	本章对起重机械与垂直运输机械的使用作出一般规定，并分别对履带式起重机、轮胎式起重机、汽车式起重机、塔式起重机、施工升降机、电动卷扬机、桅杆式起重机、物料提升机、桥（门）式起重机、高处作业吊篮及附着整体升降脚手架的使用分别提出要求
第七章	混凝土机械	50	50	2	本章对混凝土机械的使用作出一般规定，并分别对混凝土搅拌站（楼）、混凝土搅拌机、混凝土喷射机组、混凝土输送泵（拖泵、车载泵）、混凝土输送泵车（汽车泵）、混凝土搅拌运输车的使用作出规定
第八章	焊接机械	41	40	1	本章对焊接机械的使用作出一般规定，并分别对交流点焊机、直流电焊机、钢筋点焊机、钢筋对焊机、竖向钢筋电渣压力焊机、埋弧焊机、二氧化碳气体保护焊机及气焊（割）设备的使用作出规定

续表

序号	名称	内容			概述
		条目（条）	一般要求（条）	强制性条文（条）	
第九章	钢筋加工机械	26	26	0	本章对钢筋加工机械的使用作出一般规定，并分别对钢筋调直机、钢筋切断机、钢筋弯曲机、钢筋冷拉机、钢筋冷拔机、钢筋套筒冷挤压连接机、钢筋直（锥）螺纹成型机的使用作出规定
第十章	木工机械及其他机械	13	13	0	本章对木工机械及其他机械作出一般规定，并对木工平刨机、木工压刨机、木工带锯机（木工跑车带锯机）、立式榫槽机的使用作出具体规定
第十一章	装修机械	23	23	0	本章对装修机械作出一般规定，并对灰浆搅拌机、灰浆泵、喷浆泵、水磨石机、地板装修机械的使用作出规定
第十二章	掘进机械	29	29	0	本章对掘进机械作出一般规定，并对土压平衡盾构机、泥水加压盾构机、凿岩台车分别作出具体规定
合计（条）		522	502	20	

（三）强制性条文

（1）发电机组电源必须与外电线电源连锁，严禁与外电线路并列运行；当2台及2台以上发电机组并列运行时，必须装设同步装置，并应在机组同步后再向负载供电。（条文3.1.5）

（2）施工现场临时用电的电力系统严禁利用大地和动力设备金属结构体作相线或工作零线。（条文3.3.2）

（3）用电设备的保护地线或保护零线应并联接地，严禁串联接地或接零。（条文3.3.4）

（4）每台用电设备应有各自专用的开关箱，严禁用同一个开关箱直接控制2台及2台以上用电设备（含插座）。（条文3.3.5）

（5）开关箱中必须安装漏电保护器，且应装设在靠近负荷的一侧，额定漏电动作电流不应大于30mA，额定漏电动作时间不应大于0.1s；潮湿或腐蚀场所应采用放溅型产品，其额定漏电动作电流不应大于15mA，额定漏电动作时间不应大于0.1s。（条文3.3.12）

（6）塔式起重机的主要承载结构件出现下列情况之一时应报废：

1）塔式起重机的主要承载结构件失去整体稳定性，且不能修复时；

2）塔式起重机的主要承载结构件，由于腐蚀而使结构的计算应力提高，当超过原设计应力的15%时；对无计算条件的，当腐蚀深度达原厚度的10%时；

3）塔式起重机的主要承载结构件产生无法消除裂纹影响时。（条文6.1.17）

（7）动臂式和尚未附着的自升式塔式起重机，塔身上不得悬挂标语牌。（条文6.5.3）

（8）塔式起重机安装到设计规定的基本高度时，在空载无风状态下，塔身轴心线对支承面的侧向垂直度偏差不应大于0.4%；附着后，最高附着点以下的垂直度偏差不应大于

0.2%。（条文 6.5.7）

（9）塔式起重机金属结构、轨道及所有电气设备的金属外壳、金属管线，安全照明的变压器低压侧等应可靠接地，接地电阻不应大于 4Ω；重复接地电阻不应大于 10Ω。（条文 6.5.16）

（10）当塔式起重机的起重力矩大于相应工况下的额定值并小于额定值的 110%时，应切断上升和幅度增大方向的电源，但机构可作下降和减小幅度方向的运动。（条文 6.5.20）

（11）塔式起重机的吊钩装置起升到下列规定的极限位置时，应自动切断起升的动作电源：

1）对于动臂变幅的塔式起重机，吊钩装置顶部至臂架下端的极限距离应为 800mm；

2）对于上回转的小车变幅的塔式起重机，吊钩装置顶部至小车架下端的极限位置应符合下列规定：

① 起升钢丝绳的倍率为 2 倍率时，其极限位置应为 1000mm；

② 起升钢丝绳的倍率为 4 倍率时，其极限位置应为 700mm。

3）对于下回转的小车变幅的塔式起重机，吊钩装置顶部至小车架下端的极限位置应符合下列规定：

① 起升钢丝绳的倍率为 2 倍率时，其极限位置应为 800mm；

② 起升钢丝绳的倍率为 4 倍率时，其极限位置应为 400mm。（条文 6.5.21）

（12）塔式起重机应安装起重量限制器。当起重量大于相应档位的额定值并小于额定值的 110%时，应切断上升方向的电源，但机构可作下降方向的运动。（条文 6.5.22）

（13）施工升降机安全防护装置必须齐全，工作可靠有效。（条文 6.6.14）

（14）施工升降机防坠安全器必须灵敏有效、动作可靠，且在检定有效期内。（条文 6.6.15）

（15）卷扬机不得用于运送人员。（条文 6.7.1）

（16）严禁使用倒顺开关作为物料提升机卷扬机的控制开关。（条文 6.9.2）

（17）附墙架与物料提升机架体之间及建筑物之间应采用刚性连接；附墙架及架体不得与脚手架连接。（条文 6.9.5）

（18）吊篮的安全锁应灵敏可靠，当吊篮平台下滑速度大于 25m/min 时，安全锁应在不超过 100mm 距离内自动锁住悬吊平台的钢丝绳；安全锁应在有效检定期内。（条文 6.11.4）

（19）附着整体升降脚手架应具有安全可靠的防倾斜装置、防坠落装置以及保证架体同步升降和监控升降载荷的控制系统。（条文 6.12.3）

（20）严禁使用未安装减压器的氧气瓶。（条文 8.9.7）

九、《建筑施工土石方工程安全技术规范》JGJ 180—2009

（一）主要内容

本规范适用于工业与民用建筑及构筑物工程的土石方施工与安全。

本规范分 7 章，共 138 条，其中强制性条文 5 条。

本规范对土石方工程施工作业中，贯彻执行国家有关安全生产法规，做到安全施工、技术可靠、经济合理，对施工机械设备的使用，对场地平整、土石方爆破、基坑工程、边坡工程施工，对作业需求和险情预防作出相应规定。

（二）各章概述

为便于学习，编制了《建筑施工土石方工程安全技术规范》一览表，见表2-25。

《建筑施工土石方工程安全技术规范》一览表 **表2-25**

序号	名称	内容			概述
		条目（条）	一般要求（条）	强制性条文（条）	
第一章	总则	3	3	0	编制目的、适用范围、编制依据
第二章	基本规定	5	2	3	规定了土石方工程施工的企业、施工方案、作业人员及施工安全的要求。其中2.0.2、2.0.3、2.0.4条为强制性条文
第三章	机械设备	47	47	0	对土石方施工机械的使用作出了一般规定，对土石方开挖设备中的挖掘机、推土机、铲运机、装载机及土方平整和运输设备中的压路机、载重汽车、蛙式夯实机、小翻斗车分别作出使用要求
第四章	场地平整	16	16	0	分3节，4.1对场地平整作业前的安全要求，4.2及4.3分别对场地平整和场内道路施工安全作出相关规定
第五章	土石方爆破	30	29	1	分3节，对土石方爆破施工安全作出一般规定，对浅孔爆破、深孔爆破、光面爆破或预裂爆破作业提出安全要求。5.3对爆破安全防护及爆破器材管理提出要求。其中5.1.4条为强制性条文
第六章	基坑工程	23	22	1	分4节，对基坑工程开挖施工作出一般规定。6.2节针对基坑开挖的防护提出具体要求。对施工作业过程中会涉及的地下管线、支护结构、排水、边坡异常土层、施工机械、夜间照明等提出要求。6.4节针对可能出现的险情提出预防要求。其中6.3.2条为强制性条文
第七章	边坡工程	14	14	0	分3节。为确保边坡稳定，对边坡工程提出一般要求，并针对山区挖填方、有滑坡地段挖方、人工开挖及雨期、冬期施工提出安全施工要求，预防险情发生。7.3节对变形监测及险情处理提出要求
合计（条）		138	133	5	

（三）强制性条文

（1）土石方工程应编制专项施工安全方案，并应严格按照方案实施。（条文2.0.2）

（2）施工前应针对安全风险进行安全教育及安全技术交底。特种作业人员必须持证上岗，机械操作人员应经过专业技术培训。（条文2.0.3）

（3）施工现场发现危及人身安全和公共安全的隐患时，必须立即停止作业，排除隐患后方可恢复施工。（条文 2.0.4）

（4）爆破作业环境有下列情况时，严禁进行爆破作业：

1）爆破可能产生的不稳定边坡、滑坡、崩塌的危险；

2）爆破可能危及建（构）筑物、公共设施或人员的安全；

3）恶劣天气条件下。（条文 5.1.4）

（5）基坑支护结构必须在达到设计要求的强度后，方可开挖下层土方，严禁提前开挖和超挖。施工过程中，严禁设备或重物碰撞支撑、腰梁、锚杆等基坑支护结构，亦不得在支护结构上放置重物或悬挂重物。（条文 6.3.2）

十、《建筑施工碗扣式钢管脚手架安全技术规范》JGJ 166—2008

（一）主要内容

本规范适用于房屋建筑、道路桥梁、水坝等土木工程施工中的碗扣式钢管脚手架（双排脚手架及模板支撑架）的设计、施工、验收和使用。

本规范分 9 章、5 个附录，共 156 条，其中强制性条文 15 条。

（二）各章概述

为便于学习，编制了《建筑施工碗扣式钢管脚手架安全技术规范》一览表，见表 2-26。

《建筑施工碗扣式钢管脚手架安全技术规范》一览表　　表 2-26

序号	名称	内容			概述
		条目（条）	一般要求（条）	强制性条文（条）	
第一章	总则	5	5	0	编制目的、适用范围、编制依据
第二章	术语和符号	27	27	0	
第三章	构配件材料、制作及检验	21	18	3	本章对碗扣式钢管脚手架的主要构配件提出材料要求、制作质量要求，并对构配件产品的检验规则作出规定。其中 3.2.4、3.3.8、3.3.9 条为强制性条文
第四章	荷载	14	14	0	本章对荷载计算应包括的内容，废除了荷载标准值。对风荷载和荷载效应组合的计算作出规定
第五章	结构设计计算	22	21	1	本章明确结构设计应采用极限状态设计法。对架体方案设计、双排脚手架结构计算、搭设高度计算、立杆地基承载力计算、模板支撑架设计计算作出规定。其中 5.1.4 条为强制性条文
第六章	构造要求	19	12	7	本章对双排脚手架、模板支撑架及门洞设置提出了构造要求。其中 6.1.4、6.1.5、6.1.6、6.1.7、6.1.8、6.2.2、6.2.3 条为强制性条文

续表

序　号	名　称	内　容			概　　述
		条目（条）	一般要求（条）	强制性条文（条）	
第七章	施工	33	30	3	本章对施工组织地基与基础处理，双排脚手架搭设拆除及模板支撑架的搭设与拆除作出了规定。其中7.2.1、7.3.7、7.4.6条为强制性条文
第八章	检查与验收	7	7	0	本章对检查的部位与内容作出规定，应提供的证明资料及技术文件也作出了规定
第九章	安全使用与管理	8	7	1	本章对脚手架使用与管理提出安全方面要求。其中9.0.5条为强制性条文
合计（条）		156	141	15	

（三）强制性条文

（1）采用钢板热冲压整体成型的下碗扣，钢板应符合现行国家标准《碳素结构钢》GB/T 700 中 Q235A 级钢的要求，板材厚度不得小于 6mm，并应经 600～650℃的时效处理。严禁利用废旧锈蚀钢板改制。（条文 3.2.4）

（2）可调底座底板的钢板厚度不得小于 6mm，可调托撑钢板厚度不得小于 5mm。（条文 3.3.8）

（3）可调底座及可调托撑丝杆与调节螺母啮合长度不得少于 6 扣，插入立杆内的长度不得小于 150mm。（条文 3.3.9）

（4）受压杆件长细比不得大于 230，受拉杆件长细比不得大于 350。（条文 5.1.4）

（5）双排脚手架首层立杆应采用不同的长度交错布置，底层纵、横向横杆作为扫地杆距地面高度应小于或等于 350mm，严禁施工中拆除扫地杆，立杆应配置可调底座或固定底座。（条文 6.1.4）

（6）双排脚手架专用外斜杆设置应符合下列规定：

1）斜杆应设置在有纵、横向横杆的碗扣节点上；

2）在封圈的脚手架拐角处及一字形脚手架端部设置竖向通高斜杆；

3）当脚手架高度小于或等于 24m 时，每隔 5 跨应设置一组竖向通高斜杆；当脚手架高度大于 24m 时，每隔 3 跨应设置一组竖向通高斜杆；斜杆应对称设置；

4）当斜杆临时拆除时，拆除前应在相邻立杆间设置相同数量的斜杆。（条文 6.1.5）

（7）当采用钢管扣件作斜杆时应符合下列规定：

1）斜杆应每步与立杆扣接，扣接点距碗扣节点的距离不应大于 150mm；当出现不能与立杆扣接时，应与横杆扣接，扣件扭紧力矩应为 40～65N·m；

2）纵向斜杆应在全高方向设置成八字形且内外对称，斜杆间距不得大于 2 跨。（条文 6.1.6）

（8）连墙件的设置应符合下列规定：

1）连墙件应呈水平设置，当不能呈水平设置时，与脚手架连接的一段应下斜连接；

2）每层连墙件应在统一平面，其位置应由建筑结构和风荷载计算确定，且水平间距不应大于4.5m；

3）连接件应设置在有横向横杆的碗扣节点处，当采用钢管扣件作连墙件时，连墙件应与立杆连接，连接点距碗扣节点距离不应大于150mm；

4）连接件应采用可承受拉、压荷载的刚性结构，连接应牢固可靠。（条文6.1.7）

（9）当脚手架高度大于24m时，顶部24m以下所有的连墙件层必须设置水平斜杆，水平斜杆应设置在纵向横杆之下。（条文6.1.8）

（10）模板支撑架斜杆设置应符合下列要求：

1）当立杆间距大于1.5m时，应在拐角处设置通高专用斜杆，中间每排每列应设置通高八字形斜杆或剪刀撑；

2）当立杆间距小于或等于1.5m时，模板支撑架四周从底到顶连续设置竖向剪刀撑，中间纵、横向由底至顶设置竖向剪刀撑，其间距应小于或等于4.5m；

3）剪刀撑的斜杆与地面夹角应在45～60°之间，斜杆应每步与立杆扣接。（条文6.2.2）

（11）当模板支撑架高度大于4.8m时，顶端和底部必须设置水平剪刀撑，中间水平剪刀撑设置间距应小于或等于4.8m。（条文6.2.3）

（12）脚手架基础必须按专项施工方案进行施工，按基础承载力要求进行验收。（条文7.2.1）

（13）连墙件必须随双排脚手架升高及时在规定的位置处设置，严禁任意拆除。（条文7.3.7）

（14）连墙件必须在双排脚手架拆除到该层时方可拆除，严禁提前拆除。（条文7.4.6）

（15）严禁在脚手架基础及邻近处进行挖掘作业。（条文9.0.5）

十一、《施工企业安全生产评价标准》JGJ/T 77—2010

（一）主要内容

本标准适用于对施工企业进行安全生产条件和能力的评价。

本标准分5章2个附录，共51条。

（二）各章概述

为了便于学习，编制了《施工企业安全生产评价标准》一览表，见表2-27。

《施工企业安全生产评价标准》一览表 **表2-27**

序号	名称	内容			概述
		条目（条）	一般要求（条）	强制性条文（条）	
第一章	总则	3	3	0	编制目的、适用范围、编制依据
第二章	术语	5	5	0	
第三章	评价内容	32	32	0	本章对安全生产管理、安全技术管理、设备和设施管理、企业市场行为、施工现场安全管理的评价内容分别作出规定

续表

序号	名称	内容			概述
		条目（条）	一般要求（条）	强制性条文（条）	
第四章	评价方法	9	9	0	本章对施工企业自我考核评价，抽查检验企业在建施工现场及安全生产条件和能力提出要求
第五章	评价等级	2	2	0	本章对合格、基本合格、不合格三个评价等级作出规定
合计（条）		51	51	0	

第三章　建筑节能与绿色施工管理

第一节　建 筑 节 能 概 述

目前，我国在建筑上消耗的能源已经占到社会能源消耗总量的近28%，而且每年还在以1%以上的速度增长，如此发展下去，到2020年，林立的高楼将可能占据中国能源消耗的40%。2008年我国启动的10大重点节能工程中预计节省的2.2亿t能量中，建筑节能占1亿t，约占45%。这说明建筑能耗的节约已经成为最大的节能项目，抓好了建筑节能，也就抓住了节能工作的关键环节。尤其在当前贯彻落实科学发展观、大力推进节能减排的形势下，建筑节能更具有紧迫性与重要的战略意义。

我国的建筑节能工作始于1986年，目前我国建筑节能的发展还处于“节约能源”和“提高建筑能源效率”的初级阶段。从1986年我国试行第一部建筑节能设计标准，到现在颁布了多项建筑节能设计标准，制定了相应的节能计划。建筑节能已引起国家高度重视。2008年在新颁布的《节约能源法》的基础上，国务院又颁布了《民用建筑节能条例》和《公共机构节能条例》，并于当年10月1日开始实施。建筑节能相关制度正在建立起来，包括已经发布和正在试点的建筑能效测评标识制度、建筑节能信息公示制度、建筑能源审计制度、集中供热计量收费制度和建筑能耗统计制度等。

由于我国推行节能建筑的时间较短，节能建筑所占的比例仍然较低。现有的近400亿m^2的建筑，95%以上是高能耗建筑。据预测，到2020年，我国城乡还将新增建筑300亿m^2。随着居民生活水平的提高，建筑用能将快速增长，预计将增加到40%左右，如果加上原材料的运输和损耗等，建筑能源消耗可能达50%，成为最主要的用能领域。由此可见，我国节能建筑的推广任务虽有成绩，但仍然十分艰巨。

现阶段，国际能源危机明显加剧，全球能源储量日益减少，全球一次性能源像煤、石油、天然气等都将在30～40年内消耗殆尽。中国是一个能源更为紧缺的国家，有关数据表明，按目前的开采水平，我国石油资源和东部的煤炭资源将在2030年耗尽，水力资源的开发也将达到极限。我国人均能源占有量仅为世界平均水平的40%。而我国是世界第二耗能大国，面对如此的能源现状，我们应更冷静、更客观地面对中国的能源问题。

近年来能源短缺现象日显突出：2008年的初冬，覆盖全国26个省（自治区、直辖市）的国家电网半壁江山陷困顿，由于无法协调的煤电之争，13个省级电网开始拉闸限电，让这个大雪纷飞的冬季显得格外寒冷。而在当时，全国的电力缺口已经达到近7000万kW。这实质上是“煤荒”和“电荒”的一次集中爆发。多年来，夏季由于高峰电力不足和峰谷差增大，致使许多城市不得不拉闸限电。而全国范围内的天然气提价、空调和供暖能耗上升导致的电力、天然气供应不足早已成了不争的事实。

从实测结果来看，我国能耗比发达国家要高2～3倍。中国是世界上最大的建筑市场，建筑能耗占总能耗的比重也会越来越大。如果按照目前能源消费增长趋势，到2020年能源需求量将高达40多亿吨标准煤。如此巨大的需求，在煤炭、石油和电力供应以及能源安全等方面都会产生严重的问题。到那时中国对海外能源的依赖程度将达到55%以上，要满足这一需求，无论是增加国内能源供应还是利用国外资源，都面临着巨大的压力。能源的紧张已成为中国的经济命脉所在，威胁到国家的稳定和安全。能源已经成为制约我国经济进一步发展的瓶颈。建筑节能势在必行。

我国在"十二五"期间，将推行资源节约和管理，落实节约优先战略，全面实行资源利用总量控制、供需双向调节、差别化管理，大幅度提高能源资源利用效率，提升各类资源保障程度。抑制高耗能产业过快增长，突出抓好工业、建筑、交通、公共机构等领域节能，加强重点用能单位节能管理。强化节能目标责任考核，健全奖惩制度。完善节能法规和标准，制订完善并严格执行主要耗能产品能耗限额和产品能效标准，加强固定资产投资项目节能评估和审查。健全节能市场化机制，加快推行合同能源管理和电力需求的管理，完善能效标识、节能产品认证和节能产品政府强制采购制度。推广先进节能技术和产品。加强节能能力建设。

第二节 建筑节能工程监理工作内容

《建筑节能工程施工质量验收规范》(GB 50411—2007) 规定，建筑节能工程作为单位建筑工程的一个分部工程，包含了墙体节能工程、幕墙节能工程、门窗节能工程、屋面节能工程、地面节能工程、采暖节能工程、通风与空气调节节能工程、空调与采暖系统的冷热源及管网节能工程、配电与照明节能工程和监测与控制节能工程等10个分项工程。建筑节能工程并非是相对独立的一个分部工程，而是贯穿于整个单位工程的施工过程。但是，建筑节能又是作为单独的一个分部工程进行验收和评定。因此，建筑节能工程的监理质量控制是动态控制过程，可以把建筑节能监理工作内容分为以下几个方面。

一、施工准备阶段的监理工作

从事建筑节能工程监理的工作人员包括总监理工程师、专业监理工程师和监理员，应对其进行建筑节能专业培训，掌握国家和地方的有关建筑节能法规文件及与本工程相关的建筑节能强制性标准。建筑节能分部工程涉及的专业多、工程范围广、建设期限长等特点，监理在施工准备阶段时应掌握本工程的建筑节能目标，制定监理工作计划。从工程建设监理和国家法律法规、标准规范等方面的理解，施工准备阶段的监理工作主要包括以下方面：

(1) 建筑节能工程施工前，总监理工程师应组织监理人员熟悉设计文件，参加施工图会审和设计交底：

1) 施工图会审。应审查建筑节能设计图纸是否经过施工图设计审查单位审查合格。未经审查或审查不符合强制性建筑节能标准的施工图不得使用。

2) 建筑节能设计交底。项目监理人员应参加由建设单位组织的建筑节能设计技术交底会，总监理工程师应对建筑节能设计技术交底会议纪要进行签认，并对图纸中存在的问题通过建设单位向设计单位提出书面意见和建议。

(2) 建筑节能工程开工前，总监理工程师应组织专业监理工程师审查承包单位报送建筑节能专项施工方案和技术措施，提出审查意见。

（3）建筑节能工程施工前，总监理工程师应组织编制建筑节能监理实施细则。按照建筑节能强制性标准和设计文件，编制符合本工程建筑节能特点的、具有针对性的监理实施细则。

（4）在建筑节能分部工程正式施工前，根据《建筑节能工程施工质量验收规范》(GBJ 0411—2007) 规定，督促施工单位进行建筑节能检验批划分，可参照表 3-1。

建筑节能分项工程划分 **表 3-1**

序号	分项工程	主要验收内容
1	墙体节能工程	主体结构基层；保温材料；饰面层等
2	幕墙节能工程	主体结构基层；隔热材料；保温材料；隔汽层；幕墙玻璃；单元式幕墙板块；通风换气系统；遮阳设施；冷凝水收集排放系统等
3	门窗节能工程	门；窗；玻璃；遮阳设施等
4	屋面节能工程	基层；保温隔热层；保护层；防水层；面层等
5	地面节能工程	基层；保温隔热层；隔离层；保护层；防水层；面层等
6	采暖节能工程	系统制式；散热器；阀门与仪表；保温材料；热力入口装置；调试等
7	通风与空气调节节能工程	系统制式；通风与空调设备；阀门与仪表；绝热材料；调试等
8	空调与采暖系统的冷热源及管网节能工程	系统制式；冷热源设备；辅助设备；管网；阀门与仪表；绝热、保温材料；调试等
9	配电与照明节能工程	低压配电电源；照明光源、灯具；附属装置；控制功能；调试等
10	监测与控制节能工程	冷、热源、空调水系统的监测控制系统；通风与空调系统的监测控制系统；监测与计量装置；供配电的监测控制系统；照明自动控制系统；综合控制系统等

二、施工阶段的监理工作

（1）监理工程师应按下列要求审核承包单位报送的进场建筑节能工程材料/构配件/设备报审表（包括墙体材料、保温材料、门窗部品、采暖空调系统、照明设备等）及其质量证明资料，具体如下：

1）质量证明资料（保温系统和组成材料质保书、说明书、型式检验报告、复验报告，如：现场搅拌的粘结胶浆、抹面胶浆等，应提供配合比通知单）是否合格、齐全、有效，是否与设计和产品标准的要求相符。产品说明书和产品标识上注明的性能指标是否符合建筑节能标准。

2）是否使用国家明令禁止、淘汰的材料、构配件、设备。

3）有无建筑材料备案证明及相应验证要求资料。

4）按照监理合同约定及建筑节能标准有关规定的比例，进行平行检验或见证取样、送样检测。对未经监理人员验收或验收不合格的建筑节能工程材料、构配件、设备，不得在工程上使用或安装；对国家明令禁止、淘汰的材料、构配件、设备，监理人员不得签认，并应签发监理工程师通知单，书面通知承包单位限期将不合格的建筑节能工程材料、构配件、设备撤出现场。

(2) 当承包单位采用建筑节能新材料、新工艺、新技术、新设备时，应要求承包单位报送相应的施工工艺措施和证明材料，组织专题论证，经审定后予以签认。

(3) 督促检查承包单位按照建筑节能设计文件和施工方案进行施工。

总监理工程师审查建设单位或施工承包单位提出的工程变更，发现有违反建筑节能标准的，应提出书面意见加以制止。

(4) 对建筑节能施工过程进行巡视和旁站检查。对建筑节能施工中墙体、屋面等隐蔽工程的隐蔽过程、下道工序施工完成后难以检查的重点部位，进行旁站或现场检查，符合要求予以签认。

对未经监理人员验收或验收不合格的工序，监理人员不得签认，承包单位不得进行下一道工序的施工。

(5) 对承包单位报送的建筑节能隐蔽工程、检验批和分项工程质量验评资料进行审核，符合要求后予以签认。对承包单位报送的建筑节能分部工程的质量验评资料进行审核和现场检查，应审核和检查建筑节能施工质量验评资料是否齐全，符合要求后予以签认。

(6) 对建筑节能施工过程中出现的质量问题，应及时下达监理工程师通知单，要求承包单位整改，并检查整改结果。

三、竣工验收阶段的监理工作

(1) 参与建设单位委托建筑节能测评单位进行的建筑节能能效测评。

(2) 审查承包单位报送的建筑节能工程竣工资料。

(3) 组织对包括建筑节能工程在内的预验收，对预验收中存在的问题，督促承包单位进行整改，整改完毕后签署建筑节能工程竣工报验单。

(4) 出具监理质量评估报告。工程监理单位在监理质量评估报告中必须明确执行建筑节能标准和设计要求的情况。建筑节能专项质量评估报告内容包括：

1) 工程概况。本项目建筑节能工程的基本情况。

2) 评估依据。本工程执行的建筑节能标准和设计要求，即国家及地方建筑节能设计、施工质量验收规范，设计文件及施工图的要求。

3) 质量评价。本工程在建筑节能施工过程中，对保证工程质量采取的措施，以及对出现的建筑节能施工质量缺陷或事故，采取的整改措施等。可从以下几方面对工程质量进行评价：

① 对进场的建筑节能工程材料/构配件/设备（包括墙体材料、保温材料、门窗部品、采暖空调系统、照明设备等）及其质量证明资料审核情况；

② 对建筑节能施工过程中关键节点旁站、日常巡视检查，隐蔽工程验收和现场检查的情况；

③ 对承包单位报送的建筑节能检验批、分项、分部工程质量验收资料进行审核和现场检查的情况；

④ 对建筑节能工程质量缺陷或事故的处理意见。

4) 核定结论。本建筑节能分部工程是否已按设计图纸全部完成施工；工程质量是否符合设计图纸、国家及本市强制性标准和有关标准、规范的要求；工程质量控制资料是否齐全等。综合以上情况，核定该建筑节能分部工程施工质量合格或不合格。

（5）签署建筑节能实施情况意见。工程监理单位在《建筑节能备案登记表》上签署建筑节能实施情况意见，并加盖监理单位印章。

第三节 建筑节能工程监理工作方法

建筑节能工程监理工作应以人为核心、预防为主，坚持科学公正守法的职业道德规范。在工程质量控制方面，监理组织参加施工的各承包单位按合同标准进行建设，并对形成质量的诸因素进行检测、核验，对差异提出调整，并对纠正措施的监督管理过程。通常质量控制的监理工作方法包括：审查、复核、旁站、见证、平行检测、巡视、工程验收、指令文件、支付控制、监理通知、会议、影像记录等方式，同时可以通过样板施工示范，推动节能工作的开展。

一、审查

审查是工程监理进行质量控制的主要方法之一，主要包括以下内容：

1. 审核、熟悉节能工程设计施工图纸

建筑节能施工图纸必须使用经施工图设计审查符合建筑节能设计标准的施工图纸，有关部门签发审图通过证书在监理备案。施工单位和监理单位人员要充分了解设计意图、标准和要求，对工程难点、不明问题、技术指标等提出要求，形成会议纪要，并经与会各方签字、盖章后生效、执行。比如审核墙体节能工程设计文件时，需要掌握以下内容：

（1）外墙外保温由功能分为的墙体结构层、保温层、保护层、饰面层四部分组成，关键技术问题：安全、防裂、耐久。

（2）材料性能要求：

1）主墙体材料应为非燃烧体，并能满足建筑设计防火规范中耐火极限的要求，具有较高的强度（能满足承重或自承重的要求），易于施工，有利于环保，并可再生。

2）保温材料应为阻燃或非燃烧体，并具有一定的强度，吸水率低，无毒、无污染，有利于环保。

3）建筑饰面（内外）材料能与主体墙或保温材料结合安全可靠，并具有良好的耐久性和耐候性。

2. 审查施工单位企业资质和人员资格

监理审核承包单位的营业执照、企业资质证书、安全生产许可证是否具有符合工程规模要求的相应资质；施工单位是否有健全的质保体系和安保体系及各项管理制度；审查项目负责人和管理人员及特种工的资质与条件是否符合工程任务的要求，确保施工队伍具有承担本工程任务的资质，以及施工的技术能力和管理水平满足工程建设的需要，经监理工程师审查认可后进场施工。进场后应按照《建筑工程施工质量验收统一标准》（GB 50300—2001）中“施工现场质量管理检查记录”（附录A.0.1表）的要求进行检查，并督促施工单位对从事建筑节能工程施工作业的人员进行技术交底和必要的实际操作培训。

3. 审批、审定施工组织设计（方案）

结合工程的实际条件和状况，要求施工单位在节能保温施工开工前报送详细的施工技术质量、安全方案。监理工程师应着重审查：专项节能工程施工方案是否满足设计图纸、节能规范、标准和强制性标准要求，主要技术组织措施是否具有针对性，施工程序是否合理，材料的质量控制措施、施工工艺是否能够先进合理地指导施工；对特殊部位（门窗口、阳角、变形缝等）是否明确专项措施、要求和质量验收标准，是否确定节能工程施工中的安全生产措施、环境保护措施和季节性施工措施。施工技术方案应由施工单位技术负责人审批后向监理报审，经专业监理工程师和总监理工程师审查批准后方可施工，监理应按照审批后的施工方案检查、验收。

4. 检查、备案建筑节能工程新材料、新技术、新工艺、新设备的专家论证

建筑节能工程采用的“四新”即新技术、新设备、新材料、新工艺应按照有关规定进行鉴定或备案，审查施工方对新的或首次采用的施工工艺是否进行评价，并审查所制定的专门施工技术方案；监理工程师对节能“四新”和有关订货厂家等资料进行审核，对产品质量标准应进行双控，即设计标准及国家有关产品质量标准，严禁使用国家明令禁止和淘汰的产品。

二、复核

建筑节能工程监理的另一个特点是工序交接多。除了在质量控制前需要制定相关工序之间交接的控制内容外，在节能工程施工中，监理需要做好复核工作。监理复核的主要内容有：墙体主体结构基层的坐标、尺寸和位置复核，保温层、饰面层厚度复核，墙体节能构造部位复核等；幕墙结构基层尺寸复核，隔汽层安装尺寸复核以及幕墙玻璃、通风换气系统、遮阳设施等安装尺寸复核等；门、窗和玻璃安装尺寸复核，热桥薄弱部位构造措施复核等；屋面结构基层、保温隔热层、保护层、防水层和面层等尺寸复核；地面结构基层、保温隔热层、隔离层、保护层、防水层和面层等尺寸复核；采暖节能工程、通风与空气调节节能工程、空调与采暖系统的冷热源及管网节能工程、配电与照明节能工程等安装尺寸复核。

对于关键部位，监理复核后，应组织相关单位共同进行阶段性验收或实地检查验收，办理交接检手续。

三、旁站监理

应在监理规划中编制专门的旁站监理工作方案，明确旁站监理人员及其职责、工作内容和程序，需旁站的工程部位或工序等，并在节能工程专项监理细则中规定具体的旁站要求、方法、措施和记录要求。监理人员对涉及结构安全的重点施工部位和隐蔽工程及影响工程质量的特殊过程和关键工序进行旁站。

监理应按质量计划目标要求，督促施工单位加强工序控制，对关键部位进行旁站监理、中间检查和技术复核，防止质量隐患。在旁站过程中，如发现有不按照规范和设计要求施工而影响工程质量时，应及时向施工单位负责人提出口头或书面整改通知，要求施工单位整改，并检查整改结果。对于无法及时整改事项，应在事后进行专项检测或经设计复核以满足要求；否则要求施工单位采取修复或返工并达到要求，将结果报告相关单位。

建筑节能监理旁站部位，应根据工程实际情况进行确定，主要包括以下部位：墙体保

温层施工、热桥部位施工、变形缝隔热施工、隔热层施工、关键部位安装施工和现场检验等。

四、见证取样

按照有关规定，在监理工程师或建设单位代表见证下，施工单位从施工现场随机抽取试样，送至有见证检测资质的检测机构进行检测。主要内容包括进场材料（半成品、构件等）见证取样送检和工程实体见证取样送检。主要对象包括重要建筑节能材料设备、建筑节能工程现场检验等。

1. 建筑节能材料和设备送检

建筑节能工程见证取样送检的进场材料和设备项目见表3-2。

建筑节能工程材料和设备见证取样送检项目 表3-2

序号	分项工程	项目
1	墙体节能工程	1. 保温材料的导热系数、密度、抗压强度或压缩强度 2. 粘结材料的粘结强度 3. 增强网的力学性能、抗腐蚀性能
2	幕墙节能工程	1. 保温材料的导热系数、密度 2. 幕墙玻璃的可见光透射比、传热系数、遮阳系数和中空玻璃露点 3. 隔热型材的抗拉强度、抗剪强度
3	门窗节能工程	1. 严寒、寒冷地区：门窗的气密性、传热系数和中空玻璃露点 2. 夏热冬冷地区：门窗气密性、传热系数，玻璃遮阳系数、可见光透射比、中空玻璃露点 3. 夏热冬暖地区：门窗气密性，玻璃遮阳系数、可见光透射比和中空玻璃露点
4	屋面节能工程	保温隔热材料的导热系数、密度、抗压强度或压缩强度
5	地面节能工程	保温材料的导热系数、密度、抗压强度或压缩强度
6	采暖节能工程	1. 散热器的单位散热量、金属热强度 2. 保温材料的导热系数、密度、吸水率
7	通风与空调节能工程	1. 风机盘管机组的供冷量、供热量、风量、出口静压、噪声及功率 2. 绝热材料的导热系数、密度、吸水率
8	空调与采暖系统冷、热源及管网节能工程	绝热材料的导热系数、密度和吸水率
9	配电与照明节能工程	电缆、电线截面和每芯导体电阻

2. 工程现场检验

建筑节能工程见证现场检验项目包括围护结构现场实体检验项目，如外墙节能构造钻芯检验、外窗气密性与传热系数检测以及系统节能性能检测，如室内温度、供热系统室外观望的水力平衡度、供热系统的补水率、室外管网的热输送效率、各风口的风量、通风与空调系统的总风量、空调机组的水流量、空调系统冷热水、冷却水总流量、平均照明与照明功率密度等。

五、巡视

监理人员应经常地、有目的地对承包单位的施工过程进行巡视检查、检测，并对巡视监理情况进行专项记录。主要检查内容如下：是否按照设计文件、施工规范和批准的施工方案施工；是否使用合格的材料、构配件和设备；施工现场管理人员，尤其是质检人员是否到岗到位；施工操作人员的技术水平、操作条件是否满足工艺操作要求、特种操作人员是否持证上岗；施工环境是否对工程质量产生不利影响；已施工部位是否存在质量缺陷。

六、样板引路

制作样板间或样板件可以直接检查节能施工的做法和效果，并为后续施工提供实物标准，直观地评判其质量与工艺状况。为此，监理应实行严格的样板引路制度，在建筑节能工程施工前，对于采用相同建筑节能设计的房间和构造做法，应在现场采用相同材料和工艺制作的样板间或样板件，经有关各方确认后方可施工。

七、工程验收

监理工程师将以检验批验收和分项工程验收为控制重点把好验收关。建筑节能工程验收包括材料与设备进场验收、隐蔽工程验收和分部分项工程验收。

1. 进场材料与设备验收

材料、设备进场时对材料和设备的品种、规格、包装、外观和尺寸等进行检查验收，检查复核产品出厂合格证、中文说明书及相关的出厂性能检验报告，并应按规定抽取试件作物理性能检验，其质量必须符合有关标准的规定，且应经监理工程师（建设单位代表）确认，形成相应的验收记录。定型产品和成套技术应有型式检验报告，进口材料和设备应按规定进行出入境商品检验。复试报告合格且质保资料齐全方可使用，由专业监理工程师签署《工程材料/构配件/设备报审表》。

2. 隐蔽工程验收

监理应按质量计划目标要求，督促施工单位加强施工工艺管理，认真执行工艺标准和操作规程，以提高项目质量稳定性。施工单位在做好自检工作，监理在接到隐蔽工程报验单后应及时派监理工程师做好验收工作。在验收过程中如发现施工质量不符合设计要求，应以整改通知书的形式通知施工单位，待其整改后重新进行隐蔽工程验收，并经监理工程师签认隐蔽工程申请表。未经验收合格，施工单位严禁进行下一道工序施工。

3. 分部分项工程验收

建筑节能工程分部分项验收应由建设单位项目负责人或监理工程师主持，会同参与工程建设各方共同进行，其验收程序和组织应符合《建筑工程施工质量验收统一标准》（GB 50300—2001）的规定。建筑节能分部工程中的各分项工程施工完毕后，由总监组织专业监理工程师编制该分部工程质量评估报告。

八、指令文件

监理工程师利用监理合同赋予指令控制权对施工提出书面的指示和要求。

九、支付控制手段

质量监理以计量支付控制权为保障手段。

十、监理通知

监理工程师利用口头或书面通知，对任何事项发出指示，并督促承包商严格遵守和执行监理工程师的指示。

（1）口头通知：对一般工程质量问题或工程事项，口头通知承包商整改或执行，并用监理工程师通知单形式予以确认；

（2）监理工作联系单：有经验的监理工程师提醒承包商注意事项，用监理工作联系单形式；

（3）监理工程师通知单：监理工程师在巡视旁站等各种检查时发现的问题，用监理通知单书面通知承包商，并要求承包商整改后再报监理工程师复查；

（4）工程暂停令：对承包商违规施工，监理工程师预见到会发生重大事故，应及时下达全部或局部工程暂停令（一般情况下宜事先与业主沟通）。

十一、会议

监理应组织现场质量协调会，如监理例会、专题会议，及时分析、通报工程质量状况，并协调解决有关单位间对施工质量有交叉影响的问题，明确各自的职责，使项目建设的整体质量达到规范、设计和合同要求的质量要求。

十二、影像

做好有关监理资料的原始记录整理工作，并对监理工作影像资料加强收集和管理，保证影像资料的正确性、完整性和说明性。本工程影像资料以照片为主，所反映的具体部位有：

（1）设置监理旁站点的部位；

（2）隐蔽工程验收；

（3）新工艺、新技术、新材料、新设备的试验、首件样板以及重要施工过程；

（4）施工过程中出现的严重质量问题及质量事故处理过程；

（5）每周或每月的施工进度。

项目监理机构应按工程项目档案管理规定对工程监理影像资料集中统一管理，以节能分部工程为单元，按分项工程及专题内容、拍摄时间进行排序和归档。监理影像资料附有文字说明，具体内容包括影像编号、影像题名、拍摄内容简要描述、拍摄时间、地点和拍摄者等。

第四节　建筑节能工程监理实施细则的主要内容

建筑节能工程的监理实施细则编制是动态过程，随着相关分部工程进展作相应的调整，并在装饰装修工程施工前必须进行策划。《建筑节能工程施工质量验收规范》（GB

50411—2007）规定，建筑节能工程施工质量验收除应执行本规范外，尚应遵守《建筑工程施工质量验收统一标准》GB 50300、各专业工程施工质量验收规范和国家现行有关标准的规定。因此，在建筑节能监理过程中，应紧密结合各分部工程的专业标准进行质量检查和验收。监理实施细则应包括下列主要内容：

（1）建筑节能专业工程的特点；

（2）建筑节能工程监理工作的流程；

（3）建筑节能工程监理工作的控制要点及目标值；

（4）建筑节能工程监理工作的方法及措施；

（5）建筑节能工程监理工作表式。

第五节　建筑节能工程监理质量控制关键点

建筑节能分部工程包括有10个分项工程，内容基本涵盖了整个建筑工程的施工过程。根据国家规范相关规定，建筑节能监理质量控制关键点从各分项工程内容分列，见下表3-3。

建筑节能监理质量控制关键点　　**表3-3**

序号	分项工程	质量控制关键点
1	墙体节能工程	墙体节能工程的材料或构件检查、见证送检、平行检测等 保温基层的处理质量检查 保温层施工质量的检查、现场试验 隔汽层与装饰层施工质量检查、现场试验 特殊部位如不采暖墙体、凸窗等节能保温构造措施检查 隔断热桥措施检查
2	幕墙节能工程	幕墙节能工程的材料或构件检查、见证送检、平行检测等 保温材料厚度和遮阳设施安装检查 幕墙工程热桥部位措施检查 幕墙与周边墙体间的接缝检查 伸缩缝、沉降缝、抗震缝等保温或密封做法检查
3	门窗节能工程	建筑外窗气密性、保温性能、中空玻璃露点、玻璃遮阳系数和可见光透射比等符合性核查、见证送检、平行检测等 外门窗框、副框和洞口间隙处理符合性检查 特种门性能与安装、天窗安装等质量检查
4	屋面节能工程	屋面保温隔热材料的导热系数、密度、抗压强度或抗拉强度、燃烧性能等符合性核查、见证送检、平行检测 屋面保温隔热层施工质量检查、热桥部位处理措施检查
5	地面节能工程	地面保温材料的导热系数、密度、抗压强度或抗拉强度、燃烧性能等符合性核查、见证送检保温基层处理质量检查 地面保温层、隔离层、保护层等施工质量检查，以及金属管道隔断热桥措施检查

续表

序号	分项工程	质量控制关键点
6	采暖节能工程	采暖系统制式、散热设备、阀门、过滤器、温度计和仪表符合性和安装质量检查 温度调控装置、热计量装置、水力平衡装置以及热力入出口装置安装符合性检查 采暖管道保温层和防潮层施工质量检查 采暖系统联合试运转和调试
7	通风与空气调节节能工程	通风与空调节能工程的送、排风系统及空调风系统、空调水系统符合性和安装质量检查 组合式空调机组、柜式空调机组、新风机组、单元式空调机组安装质量检查 风机盘管机组、风机、双向换气装置、排风热回收装置等安装质量检查 空调风管系统及部件、空调水系统管道及配件等绝热层、防潮层施工质量检查 通风机和空调机组等设备的单机试运转和调试以及系统风量平衡调试
8	空调与采暖系统的冷热源及管网节能工程	冷热源设备和辅助设备及其管网系统的安装质量检查与验收 冷却塔、水泵等辅助设备安装检查 空调冷热源水系统管道及配件绝热层和防潮层施工质量检查 冷热源和辅助设备的单机试运转及调试，以及同建筑物室内空调或采暖系统的联合试运转和调试
9	配电与照明节能工程	低压配电系统选择的电缆截面和每芯导体电阻值见证取样送检 低压配电系统调试以及低压配电电源质量检测 照明系统通电试运行，测试照度和功率密度值
10	监测与控制节能工程	监测与控制系统安装质量检查

第六节　建筑节能分项工程监理工作要点

一、墙体节能工程监理工作要点及措施

(一) 材料控制

(1) 施工单位应对材料和设备的品种、规格、包装、外观和尺寸等进行检查验收，并应经监理工程师（建设单位代表确认），形成相应的验收记录。

(2) 对材料和设备的质量证明文件进行核查，并应经监理工程师（建设单位代表）确认，纳入工程技术档案。进入施工现场用于节能工程的材料和设备均应具有出厂合格证、中文说明书及相关性能检测报告；定型产品和成套技术应有型式检验报告；进口材料和设备应按规定进行出入境商品检验。

(3) 对材料和设备应按照规范规定在施工现场抽样复验。复验应为见证取样送检。

(4) 对材料的耐火性要求。

(二) 施工质量控制要点和措施

1. 节能工程施工前必须具备的条件

(1) 结构质量验收合格。

（2）编制分项施工方案并经审批合格。

（3）对施工操作人员进行技术质量、安全交底。

（4）在大面积施工前应先做样板，经监理、建设单位确认后方可进行大面积施工。

（5）室内地坪、内粉刷层应在外保温体系施工前完成，并已干燥硬化。如果进行交叉施工应避免室内施工的污水外流，污染外保温墙面。

（6）门窗、装饰线条、窗套等水平构件。门窗、装饰线条、窗套，特别是水平设置的构件（如窗台板、阳台地坪、空调板、空调护栏、阳台栏杆等）必须在外保温体系施工之前施工完毕。所有水平方向的构件（如挑檐、窗台板、固定外墙面构件用的支架）都需预留外保温体系所需的施工厚度，并做必要的滴水处理或防锈处理。

（7）安装工程的管线与预埋件。外墙上的各种进户管线、空调及管道支架、预埋管件、预埋螺栓等必须预先安装完毕，螺栓应伸出外粉刷面 60～70mm（应考虑保温层厚度的影响），并经隐蔽工程验收合格。

（8）外墙面设置孔洞。外墙面设置的通风口、空调洞口等应预先打好，并内置 PVC 套管，且伸出外粉刷面 40mm。外墙面上原有的脚手架固定拉结点应拆除，另行拉结。所有孔洞（螺栓孔、脚手杆孔等）必须按照外墙孔洞封堵方案的要求进行封堵处理，监理检查验收通过签署隐蔽工程验收记录。

（9）建筑物的门窗、外露柱等立面设计应预先考虑到外保温体系施工所需的厚度及施工后所带来的外观变化。

2. 保温系统监控要点

（1）保温层基层验收及监控要点

保温层施工前应会同总承包施工单位、专业施工单位、监理单位等相关部门对结构予以验收确认，主要检查项目有：

1）主体结构外墙面表面平整度和垂直度的允许偏差应在现行国家规范标准要求范围内。

2）外墙面的脚手杆孔、模板穿墙螺栓孔等孔洞应按照施工方案的要求进行分层封堵，同时监理进行分层检查、验收合格后签署隐蔽工程验收记录。

3）主体结构的变形缝、伸缩缝应提前做好处理并验收合格。

4）外门窗框应安装完毕，并做好与墙体缝隙的处理，验收合格。门窗框应用包装保护，以免被保温浆料污染。

5）外墙面挂设的雨水管支架、消防梯、阳台栏杆等外挂件应安装完毕并验收合格。

6）墙面的暗埋管线、线盒、空调孔洞、预埋件等应安装完毕并验收合格，同时要考虑保温层厚度的影响。

7）墙体基层应具有足够的强度，表面应无浮灰、油污、隔离剂、空鼓、风化物等杂质，凸出墙体表面 1cm 的物体应予以剔除，并保持干燥。

8）当饰面层为面砖时，膨胀锚栓应该在保温层施工前预先安装，膨胀锚栓位置和间距应符合设计和施工方案的要求，膨胀锚栓的长度需要考虑保温层厚度的影响。控制锚栓的密度应为每平方米设置 5～6 个，进入墙体深度不小于 25mm。在轻质填充砌块墙体上施工时，应尽可能将铆钉打入砌块砂浆缝隙中，使之牢固。

（2）外墙外保温系统

1）模塑聚苯板（EPS板）外墙外保温系统质量控制要点

① 保温板材与基层的粘结强度应做现场拉拔试验。粘结强度不应低于0.3MPa，且粘结界面脱开面积不应大于50%。

② 建筑物高度在20m以上时由设计确认是否设置固定锚栓，锚栓应待胶粘剂初凝后方可钻孔安装。锚栓设置位置、插入深度、数量、间距应符合设计要求。

③ 锚栓完成后应按检验批的要求检查验收。在专业施工单位自检合格的基础上，整理好相关施工记录资料报总承包单位验收，总包单位验收合格后再向监理申报，进行隐蔽工程验收。

④ 抗裂砂浆应在聚苯板粘贴24h后施工。

⑤ 墙面连续高宽超过23m时应设置抗裂分格缝，缝宽不小于20mm。若设计的外墙面有线条则可不设。

⑥ 按照楼层的高度裁剪耐碱玻纤网格布，长度约3m，网格布的包边应剪掉。

⑦ 抗裂砂浆中的砂应过2.5mm的筛网，且应无结块，防止因抗裂砂浆层表面过于粗糙而影响施工质量。

⑧ 抗裂砂浆应分层作业施工，每层厚度宜在3～5mm；抗裂砂浆的抹灰区域应相当于网格布的面积。底层抗裂砂浆抹灰后压入耐碱玻纤网格布，网格布之间的搭接宽度不应小于50mm，搭接处的抗裂砂浆应饱满密实，严禁网格布有干搭现象。网格布压入抗裂砂浆的程度以可见暗露网眼，但表面看不到裸露的网格布为宜。

⑨ 阳角部位的耐碱玻纤网格布采用单面压槎搭接，搭接宽度不应小于150mm；阳角处应双向包角压槎搭接，其宽度不应小于200mm。网格布的铺贴方向可根据现场实际情况，即可横向也可纵向铺设，但要顺槎顺水搭接，严禁有逆槎逆水搭接现象。

⑩ 首层墙面应铺设抗裂砂浆复合双层耐碱玻纤网格布，第一层网格布之间采用不搭接方法铺贴；第二层铺贴方法如前所述，两层网格布之间应充满抗裂砂浆，严禁干贴。

⑪ 首层外保温应在阳角处双层网格布间设置专用金属护角，一般护角高度2m左右，以保证护角部位坚固抗冲击。

⑫ 门窗洞口四个角的部位应附加一层网格布，尺寸约为300mm×400mm，沿门窗口呈45°角方向设置。

⑬ 网格布的铺贴应平整地伏贴在墙面上，无皱褶，抗裂砂浆饱满度达到100%，无露布现象。

⑭ 抗裂面层口、角处应压平修整顺直。

⑮ 抗裂砂浆抹灰后，严禁在此面层上抹普通水泥砂浆腰线、套口线或涂刮刚性腻子等外装饰材料。

⑯ 待抗裂砂浆干燥后，进行检查验收，符合设计要求和施工验收规范标准后可施工饰面层。

在抗裂砂浆施工2h后涂刷弹性底涂。

⑰ 对于墙面平整度不够、阴角、阳角以及需要找平的部位应先涂刮柔性耐水腻子找平修复，采用0号粗砂纸加以打磨，然后再大面积刮柔性腻子。

⑱ 大面积涂刮柔性腻子宜分两遍施工，且两次涂刮的方向应相互垂直。

⑲ 在腻子层干燥后滚涂或喷涂涂料。

2）EPS板现浇混凝土外墙外保温系统（无网现浇系统）质量控制要点

① 模板安装时先按墙身线立正内模后再竖外模，调整表面平整度和垂直度，使其满足规范标准要求。

② 穿墙螺栓孔处应以干硬性砂浆捻实填补（厚度小于墙厚），随即用保温浆料填补至保温层表面。

③ 在常温条件下完成混凝土浇筑，间隔12h后且混凝土强度不小于1MPa后可拆除墙体内外侧模板。

④ 找平及抗裂防护层和饰面层的施工需要找平时，用胶粉颗粒保温浆料找平，并用胶粉聚苯颗粒对浇筑的缺陷进行处理。胶粉聚苯颗粒保温浆料及抗裂防护层和饰面层的施工参见"胶粉聚苯颗粒外墙外保温系统"的相关内容。

3）EPS钢丝网架板现浇混凝土外墙外保温系统（有网现浇系统）质量控制要点

① 商品混凝土的坍落度不应小于180mm。

② 常温施工条件下，模板拆除后12h内应覆盖和浇水养护。对普通硅酸盐水泥或矿渣硅酸盐水泥配制的商品混凝土，养护不少于7昼夜；对掺有缓凝型外加剂或有抗渗要求的混凝土，则不少于14d。浇水次数以能够保持混凝土表面处于湿润状态为准。当日平均气温低于5℃时不得浇水。冬期施工时应根据施工方案设置测温点，定时测量混凝土温度，并做好相关记录。

③ 在常温施工中，模板拆除时墙体混凝土强度不宜低于1.0MPa；冬期施工时墙体混凝土强度不宜低于7.5MPa。拆除模板应以同条件养护试块的抗压强度为准。

④ 先拆除外墙外侧模板，再拆除外墙内侧模板，并及时按照施工方案制定的措施修整混凝土表面的缺陷。

⑤ 拆除模板后及时清除保温板表面的浮浆，保证板面无灰尘、污垢、油污等杂质。保温板的破损处及时修整。

⑥ 在门窗洞口四角和阴阳角绑扎角网（400mm×1200mm和200mm×1200mm），窗口四角铺设八字网片（400mm×200mm），呈45°，与板面钢丝网架绑扎牢固。

⑦ 板面钢丝网架调整平整，可用胶粉聚苯颗粒保温浆料进行找平，不得露底（包括钢丝网）。

⑧ 分二层抹抗裂砂浆，待底层抹灰凝固后再进行面层抹灰。抹灰层之间及抹灰层与保温板之间应粘结牢固、表面光滑洁净、接槎平整、线角垂直、方正，无脱层、空鼓现象。

⑨ 分隔条宽度、深度均匀一致，横平竖直，棱角整齐。

在常温下，抹灰完成24h后表面平整无裂纹即可抹4～5mm聚合物水泥砂浆耐碱玻纤网格布防护层，然后做饰面层面砖或涂料。

4）机械固定EPS钢丝网架板外墙外保温系统质量控制要点

① 在每层框架梁或圈梁上预埋连接件，焊缝高度 h_f 为6mm，中距不应大于1200mm。

② 墙体砌筑时预先预埋双向拉结筋 ϕ6.5@500mm，筋长320mm，预埋端设置20mm的弯钩，外露160mm，并应涂刷二道防锈漆，距离板端120～150mm；混凝土墙体采用 ϕ6膨胀螺杆固定，每平方米不少于7个或根据风荷载计算增加，并应设置镀锌薄钢板制

作的锚固件。拉结筋与膨胀螺杆呈梅花形布置，沿门窗洞口设置的拉结筋距洞边宜为75mm。

③ 保温板安装完毕后应表面平整、牢固可靠，阴阳角方正顺直且垂直。

5）挤塑聚苯板（XPS板）外墙外保温系统质量控制要点

① 保温层采用预埋或后置锚固件固定时，锚固件的数量、位置、锚固深度和拉拔力应符合设计要求。后置锚固件应进行现场拉拔力试验。每个检验批抽查不少于3处。

② 保温板材与基层之间的粘结或连接必须牢固，其粘结强度应做现场拉拔试验。

③ 挤塑板接缝的不平之处可用粗砂纸打磨平整，并彻底清除作业过程中产生的碎屑及浮灰等杂物。

④ 在清扫干净的挤塑板面上喷（滚）涂界面剂，待晾干至不粘手时均匀抹聚合物砂浆，首次抹灰厚度约1.5～2mm。

⑤ 将按要求裁剪的网格布压入聚合物砂浆之中，并应预留搭接宽度。网格布应顺着经纬向剪裁。

⑥ 压入网格布的聚合物砂浆不粘手时可抹面层聚合物砂浆，厚度约1mm左右，以盖住网格布为准。聚合物砂浆抹灰总厚度约3mm左右。

⑦ 首层外墙体应增设一层网格布附加层，主要部位是门窗洞口、外墙大角、檐口、窗台下口等处。

⑧ 应及时用与基材相同的材料对墙面破损处或孔洞进行修补。

⑨ 在变形缝两侧、孔洞边的挤塑板上应预贴窄幅网格布。在变形缝中填塞发泡聚乙烯圆棒，直径应为变形缝宽度的1.3倍，分二次填嵌缝膏，深度为缝宽的50%～70%。

6）岩棉板外墙外保温系统质量控制要点

① 保温层采用预埋或后置锚固件固定时，锚固件的数量、位置、锚固深度和拉拔力应符合设计要求。后置锚固件应进行现场拉拔力试验。每个检验批抽查不少于3处。

② 保温板材与基层之间的粘结或连接必须牢固，其粘结强度应做现场拉拔试验。

③ 在粉刷找平层前进行冲筋吊线，设置控制垂直度的基准钢丝和按设计厚度用胶粉聚苯颗粒制作的标准模块。

④ 找平层宜分二遍操作施工，每遍施工间隔宜在2h以上。第一遍抹胶粉聚苯颗粒应抹压密实，厚度不宜超过10mm；第二遍应达到设计要求厚度，墙面可用大杠搓平，局部可用抹子修补整平；30min后再收抹墙面，并检查墙面的表面平整度和垂直度，达到施工质量验收规范的要求。

7）现场喷涂硬泡聚氨酯外墙外保温系统质量控制要点

① 对锚栓抽检并做现场抗拔试验，确保其达到设计的要求。

② 聚氨酯泡沫塑料保温层喷涂后应按要求采用针入法检查保温层的厚度，每100m^{2}不少于5点，后每增加100m^{2}测2次。

③ 保温层平均厚度应符合设计要求，最小厚度不应小于设计厚度的80%。

④ 聚氨酯泡沫塑料的喷涂表面平整度应小于5mm。使用1m靠尺和楔形塞尺检查，每100m^{2}抽查5次，后每增加100m^{2}测2次；不合格不应大于2次。

⑤ 按检验批要求进行质量检验，且做好验收记录。

（3）单一墙体保温

外墙自保温是采用单一种类的、具有保温和承重性能的砌体材料构成的外墙围护结构。单一材料砌体结构是指砌体结构的围护墙体与内部墙体是同一种材料的结构，此时，砌体结构的围护结构为承重构件。

混凝土小型空心砌块、蒸压加气混凝土砌块、烧结多孔黏土砖或烧结实心砖砌体结构围护墙体是常用的单一材料砌体结构，其抗震要求应符合《建筑抗震设计规范》GB 50009—2001。当单一材料砌体结构采用混凝土小型空心砌块时还应满足《混凝土小型空心砌块技术规程》JGJ/T 14—2004 构造和有关连接的要求。当单一材料砌体结构采用多孔砖砌体时应满足《多孔砖砌体结构技术规范》JGJ 137—2001 构造和有关连接的要求。

（三）墙体节能工程验收

1. 墙体节能工程验收的检验批划分

（1）采用相同材料、工艺和施工做法的墙面，每 500～1000m^2 面积划分为一个检验批，不足 500m^2 也为一个检验批。

（2）检验批的划分也可根据与施工流程相一致且方便施工与验收的原则，由施工单位与监理（建设）单位共同商定。

2. 隐蔽验收

墙体节能工程应对下列部位或内容进行隐蔽工程验收，并应有详细的文字记录和必要的图像资料：

（1）保温层附着的基层及其表面处理；

（2）保温板粘结或固定；

（3）锚固件；

（4）增强网铺设；

（5）墙体热桥部位处理；

（6）预置保温板或预制保温墙板的板缝及构造节点；

（7）现场喷涂或浇注有机类保温材料的界面；

（8）被封闭的保温材料厚度；

（9）保温隔热砌块填充墙体。

3. 验收项目与检查方法

验收项目与检查方法，见表 3-4。

4. 验收记录

（1）墙体节能工程设计文件、图纸会审纪要、设计变更文件和技术核定手续。

（2）建筑节能保温工程设计文件审查通过文件。

（3）墙体节能工程使用的材料、成品、半成品及配件的产品合格证、检验报告和进场复验报告。

（4）隐蔽工程验收记录。

（5）检验批/分项工程质量验收表、分项工程质量验收汇总表、建筑节能分部工程质量验收表。

（6）监理单位过程监管资料及建筑节能工程专项质量评估报告。

（7）检测单位出具的节能检测综合评估报告。

（8）其他必要的资料。

验收项目与检查方法 表 3-4

序号	检查项目		检查内容	检查方法
1	主控项目	材料进场验收	符合设计要求和相关标准规定	观察、尺量；核查质量证明文件
2		保温材料和粘结材料的复验结果	符合设计要求	核查质量证明文件及复验报告
3		保温材料厚度、粘结强度与锚固力测试	符合设计要求	观察、手扳；采用钢针插入法或剖开尺量检查保温材料厚度；粘结强度与锚固力核查试验报告
4		饰面层的基层及面层施工	符合设计要求及装饰规范要求	观察、尺量
5		保温砌块砌筑墙体灰缝饱满度及强度	符合设计要求	百格网及强度试验报告
6		隔汽层的设置	符合设计要求	对照设计观察
7		门窗洞口四周侧面的保温措施	符合设计要求	对照设计观察
8		外墙热桥部位的措施	符合设计要求	对照设计和施工方案观察
9	一般项目	增强网片的铺设和搭接	符合设计要求	观察
10		墙体缺陷	符合设计要求	观察
11		墙体保温板材的接缝	符合设计要求	观察
12		墙体保温浆料	符合设计要求	观察
13		墙体阳角、门窗洞口等特殊部位	符合设计要求	观察
14		有机类保温材料的施工	符合设计要求	观察

二、幕墙节能工程监理工作要点及措施

1. 幕墙节能材料的控制

（1）幕墙施工单位应提供满足设计和规范要求的幕墙材料和附件，经业主、设计、监理和施工共同确认后封样于监理处，作为材料及附件进场验收的依据。

（2）幕墙材料进场后，监理应对其外观、品种、规格及附件等进行检查验收，对质量证明文件进行核查。

（3）在幕墙节能工程中，应严格控制隔热型材的质量，隔热条的类型、尺寸都必须符合设计要求。在隔热型材中，一般应采用聚酰胺尼龙 66。

（4）当采用隔热型材时，隔热型材生产厂家提供型材所使用的隔热材料的力学性能（主要包括抗剪强度和抗拉强度等）和热变形性能（包括热膨胀系数、热变形温度等）试验报告。

（5）建筑幕墙采用的玻璃品种要符合设计要求，玻璃的外观质量和性能应符合相关国家行业标准：《幕墙用钢化玻璃与半钢化玻璃》GB/T 17841；《中空玻璃》GB/T 11944；《浮法玻璃》GB/11614；《着色玻璃》GB/T 18701；《镀膜玻璃》等。中空玻璃应采用双道密封。均压管应密封处理。

2. 幕墙节能工程施工过程控制

（1）幕墙节能工程施工前，督促幕墙施工单位完善开工手续，如编制幕墙节能工程的

施工方案，并经监理（建设）单位审查批准等。

（2）督促幕墙施工单位建立健全的质量管理体系、施工质量检验制度，督促对施工人员进行技术交底和专业技术培训。

（3）幕墙施工前应进行样板间的施工，经业主、设计、监理验收后确认，才能全面展开施工。

（4）施工单位要有材料验收和检验制度。

（5）幕墙工程施工前，监理单位和施工单位，可按下列规定进行检验批划分：

1）相同设计、材料、工艺和施工条件的幕墙节能工程每 500～1000m^2 应划分为一个检验批，不足 500m^2 也应划分为一个检验批；

2）同一单位工程的不连续幕墙节能工程应单独划分检验批；

3）对于异型或有特殊要求的幕墙节能工程，检验批的划分应根据幕墙的节能结构、工艺特点及幕墙节能工程规模，由监理单位和施工单位协商确定。

（6）幕墙构造缝、沉降缝等缝隙处，严格按照设计进行保温、密封等施工。

（7）在非透明幕墙中，幕墙保温材料固定要牢固。如果采用彩釉玻璃之类的材料作为幕墙的外饰面板，保温材料不能直接贴到玻璃上，避免造成玻璃表面温度不均匀，引起自爆。

（8）幕墙与主体结构连接部位、管道或构件穿越幕墙面板的部位、幕墙面板的连接或固定部位，要采取一定的隔断热桥措施，其处理要严格符合设计要求。

（9）采用全玻璃幕墙时，隔墙、楼板或梁柱与幕墙之间的间隙，应填充保温材料。

（10）单元式幕墙板块间的缝隙密封，严格按照设计要求，避免渗漏。

（11）幕墙节能工程使用的保温材料安装过程中，督促施工单位要采取防潮、防水措施，避免受潮而松散变质失效。

（12）单元幕墙板块缝隙密封，有专门设计，施工要严格按照设计进行安装。密封条要完整，尺寸满足要求；单元板块安装间隙不能过大；板块间少数部位加装附件并注胶密封。

（13）附着于主体结构的隔汽层、保温层应在主体结构工程质量验收合格后施工。

（14）密封条的尺寸应该符合设计要求，应与型材、安装间隙配套。密封条要镶嵌牢固、位置正确、对接严密。

（15）通过观察连接紧固件、手扳等检查遮阳设施的牢固程度。遮阳设施不能有松动现象，紧固件固定处的承载能力应满足设计要求。

（16）检查金属截面、金属连接件、螺钉等紧固件及中空玻璃边缘的间隔条等传热路径是否被有效割断，确保隔热断桥措施按照设计进行。

（17）非透明幕墙的隔汽层应完整、严密、位置正确（放置在保温材料靠近水蒸气气压较高的一侧）。非透明幕墙穿透隔汽层的部件，应有密封处理，保证隔汽层的完整。

（18）观察检查冷凝水收集和排放系统：冷凝水收集槽的设置、集流管和排水管的连接、排水口的设置等是否符合设计要求。在观察检查合格的基础上，辅以通水试验，在可能产生冷凝水的部位淋少量水，观察水流向集排水管和接头处是否渗漏。

（19）外部遮阳的遮阳系数按照设计确定。遮阳设施的调节机构应灵活，每个遮阳设施来回往复运动 5 次以上。观察极限范围及角度调节是否满足要求。遮阳设施的安装位置，必须满足节能设计要求；遮阳构件所用材料的光学性能、材质耐久性应符合设计要求；遮阳构件尺寸按设计的预期遮住阳光；活动遮阳设施调节机构的灵活性、活动范围应满足设计要求，能够将遮阳板等调节到位。在采用外墙外保温的情况下，活动外遮阳设施的固定要按照设计要求牢固安装。遮阳设施的安全非常重要，要进行全数检查。

（20）幕墙安装内衬板时，内衬板四周宜套装弹性橡胶密封条，内衬板应与构件接缝严密。保温材料应安装牢固，并应与玻璃保持 30mm 以上的距离。保温材料的填塞应饱满、平整、不留间隙，其填塞密度、厚度应符合设计要求。在冬季取暖的地区，保温棉板的隔汽铝箔面应朝向室内，无隔汽铝箔面时应在室内侧有内衬隔汽板。

（21）幕墙开启扇周边缝隙宜采用氯丁橡胶、三元乙丙橡胶或硅橡胶密封条制品密封。

3. 幕墙节能工程验收

施工方在各工序和隐蔽工序自检合格后，报监理进行验收。监理相应进行实测实量，填写“幕墙节能监理质量控制记录”和签署《幕墙节能工程质量验收记录》，并应有隐蔽工程验收记录和必要的图像资料。

4. 幕墙节能工程竣工验收时应提供下列文件

（1）幕墙节能工程的施工图、设计说明及设计变更文件。

（2）幕墙节能设计审查文件。

（3）建筑设计单位对幕墙节能工程设计的确认文件。

（4）幕墙节能工程所用各种材料、构件及组件的产品合格证书、出厂检验报告、性能检测报告、进场验收记录和复验报告。

（5）幕墙节能项目的检验批验收记录，节能分项验收记录。

（6）有关施工资料、监理资料。

（7）其他必要的文件和记录。

三、门窗节能工程监理工作要点及措施

1. 门窗节能材料的控制

（1）门窗生产和安装单位，应将符合设计和产品标准规定的门窗及其附件提供业主、设计、监理和施工共同确认后封样于监理处，作为门窗及附件进场验收的依据。

（2）建筑门窗进场后，监理应对其外观、品种、规格及附件等进行检查验收，对质量证明文件进行核查。金属外门窗的隔断热桥措施直接关系到其节能效果，验收时应检查金属外门窗隔断热桥措施是否符合设计要求和产品标准的规定，金属副框的隔断热桥措施是否与门窗框的隔断热桥措施相当。

（3）建筑门窗采用的玻璃品种应符合设计要求。中空玻璃应采用双道密封。

（4）特种门的节能性能主要是密封性能和保温性能，进场时应核查相应质量证明文件，其性能应符合设计和产品标准要求。

（5）建筑外窗进入施工现场，监理应按《建筑节能工程施工质量验收规范》GB 50411 要求进行见证取样，按地区类别对其性能进行复验，建筑外窗节能性能应符合表 3-5 要求。

建筑外窗的性能要求 **表 3-5**

类别 \ 性能要求 \ 热工分区		严寒、寒冷地区	夏热冬冷地区	夏热冬暖地区
强制性指标	项目	①气密性；②保温性能；③中空玻璃露点；④玻璃遮阳系数；⑤可见光透射比		
	检验	（1）检验方法：核查质量证明文件和复验报告； （2）检查数量：全数核查		
性能复验（见证取样送检）	项目	①气密性；②传热系数；③中空玻璃露点	①气密性；②传热系数；③玻璃遮阳系数；④可见光透射比；⑤中空玻璃露点	①气密性；②玻璃遮阳系数；③可见光透射比；④中空玻璃露点
	检验	（1）检验方法：随机抽样送检；核查复验报告； （2）检查数量：同一厂家同一品种同一类型的产品各抽查不少于3樘（件）		
现场实体检验	项目	建筑外窗气密性现场实体检验		—
	检验	（1）检验方法：随机抽样现场检验； （2）检查数量：同一厂家同一品种同一类型的产品各抽查不少于3樘		

2. 门窗节能工程施工过程控制

（1）门窗施工单位应按门窗节能工程施工工艺标准和审定的施工组织设计施工，并应对施工全过程实行质量控制。

（2）监理应督促施工方对施工人员进行技术交底和专业技术培训，并应按相关的施工技术标准对施工过程实行质量控制。

（3）门窗施工前应进行样板间的施工，经业主、设计、监理验收后确认，才能全面施工。

（4）外门窗工程施工前，监理单位和施工单位，应按下列规定进行检验批划分，建筑外门窗工程的检验批应按下列规定划分：

1）同一厂家的同一品种、类型、规格门窗及门窗玻璃每100樘划分为一个检验批，不足100樘也为一个检验批。

2）同一厂家的同一品种、类型和规格的特种门每50樘划分为一个检验批，不足50樘也为一个检验批。

3）对于异型或有特殊要求的门窗，检验批的划分应根据其特点和数量，由监理（建设）单位和施工单位协商确定。

（5）对于面积较大的铝合金门窗框，应事先按设计要求进行预拼装。先安装通长的拼樘料，然后安装分段拼樘料，最后安装基本单元门窗框。

（6）门窗框横向及竖向组合应采取套插；如采用搭接应形成曲面组合，搭接量一般不少于8mm，以避免因门窗冷热伸缩及建筑物变形而引起裂缝；框间拼接缝隙用密封胶条密封。组合门窗框拼樘料如需采取加强措施时，其加固型材应经防锈处理，连接部位应采用镀锌螺钉。

（7）窗框安装固定应在窗框装入洞口时（或副框入洞口时），其上、下框中线和底线与洞口中线和底线对齐，并且按照设计图纸确定在洞口厚度方向的安装位置。门框安装时应注意与地面施工配合，确定门框的安装位置和下框标高。

（8）外门窗框或副框与洞口之间的间隙应采用弹性闭孔材料填充饱满，并使用密封胶密封；外门窗框与副框之间的缝隙应使用密封胶密封。

（9）门窗镀（贴）膜玻璃的安装方向应准确，中空玻璃的均压管应密封处理。

（10）天窗安装的位置、坡度应正确，封闭严密，嵌缝处不得渗漏。

（11）严寒、寒冷地区的外门安装，应按照设计要求采取保温、密封等节能措施。

（12）门窗保温密封条施工。密封条品种规格的选择，要与门窗的类型、缝隙的宽窄以及使用的部位相匹配，否则将达不到预期效果。密封条可在生产门窗时在工厂内直接安装在门窗上，但在门窗运输时，必须注意防止其翘曲变形。密封条的固定位置，应做到使接缝完全封住，同时要避免门窗关得过紧和过松。密封条安装位置应正确，镶嵌牢固，不得脱槽，接头处不得开裂，关闭门窗时密封条应接触严密。

（13）外窗遮阳设施的尺寸、颜色、透光性能等应符合设计和产品标准要求，遮阳设施的安装应位置正确、牢固，满足安全和使用功能的要求。活动遮阳设施的调节应灵活，能调节到位。

（14）特种门安装中的节能措施，其自动启闭、阻挡空气渗透等性能应符合设计要求。

（15）天窗与节能有关的性能与普通门窗类似。天窗安装位置、坡度应准确。

3. 门窗节能工程验收

（1）建筑外门窗的检查数量应符合下列规定：

1）建筑门窗每个检验批应抽查5%，并不得少于3樘，不足3樘时应全数检查；高层建筑的外窗，每个检验批应至少抽查10%，并不得少于6樘，不足6樘时应全数检查。

2）特种门每个检验批应抽查50%，并不少于10樘，不足10樘时应全数检查。

（2）建筑外门窗洞口质量验收：

1）门窗安装应采用预留洞口安装，不得采用边安装边砌口或先安装后砌口的施工方法。

2）门窗安装应在墙体湿作业完工且硬化后进行。

3）门窗安装单位应在总包单位的配合下确定门窗安装基准线，同一类型的门窗及其相邻的上、下、左、右洞口应横平竖直。洞口宽度与高度尺寸偏差应符合相关规定。监理应对门窗安装基准线抽查复核。

（3）凸窗周边与室外空气接触的围护结构，应采取节能保温措施。

（4）外窗遮阳设施的角度、位置调节应灵活，调节到位。

（5）门窗框安装完成，施工方在自检合格后，报监理进行验收。监理的验收内容包括门窗框连接件安装和墙体接缝处的保温填充做法进行隐蔽工程验收，并应有隐蔽工程验收记录和必要的图像资料。处理门窗缝隙的保温，现在多采用现场注发泡剂，然后采用密封胶密封防水。塑料门窗宽裕洞口之间的伸缩缝内腔应采用闭孔泡沫塑料、发泡聚苯乙烯等弹性材料分层填塞，填塞不宜过紧。

（6）门窗框安装后，监理应对门窗框的安装质量进行实测实量，并填写“门窗安装工程质量验收记录表”。

4. 门窗节能工程施工质量验收时，应提供下列文件和记录

(1) 门窗节能设计文件及变更设计文件。

(2) 门窗节能设计审查文件。

(3) 门窗及其配件的产品合格证、出厂检验报告和进场复验报告。

(4) 门窗节能项目的隐蔽工程验收记录。

(5) 门窗节能项目的检验批验收记录，节能分项的验收记录。

(6) 有关施工资料、监理资料。

(7) 其他必要的文件和记录。

四、屋面节能工程监理工作要点及措施

1. 屋面保温隔热材料的控制

(1) 材料进场时按每批随机抽取3个试样进行检查，对材料品种、规格、包装、外观和尺寸等进行检查验收，检查复核产品出厂合格证、中文说明书、有关设备技术参数、资料及相关的出厂性能检验报告。产品质量应符合设计标准和国家有关产品质量标准，严禁使用国家明令禁止和淘汰的产品。

(2) 对建筑节能工程中采用的“四新”资料进行审核，审查新工艺或者首次使用的工艺是否进行评价。

(3) 定型产品和成套技术应有型式检验报告，进口材料和设备应按规定进行出入境商品检验。复试报告合格且质保资料齐全方可使用，由专业监理工程师签署《工程材料/构配件/设备报审表》。

(4) 屋面节能工程使用的保温隔热材料，进场时应对其导热系数、密度、抗压强度或压缩强度、燃烧性能进行复验。复验应为见证取样送验报告，同一厂家同一品种的产品各抽查不少于3组。

2. 屋面节能工程监理质量控制

(1) 保温隔热屋面

1) 屋面保温隔热层的敷设方式、厚度、缝隙填充质量及屋面热桥部位的保温隔热做法，必须符合设计要求和有关标准的规定。监理可对保温隔热层的敷设方式、缝隙填充质量和热桥部位进行抽查；保温隔热层的厚度可采取钢针插入后用尺测量，也可采取将保温层切开用尺直接测量。

2) 抽查屋面的隔汽层位置是否符合设计要求，隔汽层应完整、严密。施工时可通过观察检查和核查隐蔽工程验收记录来进行隔汽层质量的验证。

3) 抽查屋面保温隔热层是否按施工方案施工，并检查是否应符合下列规定：

① 松散材料应分层敷设，按要求压实，表面平整，坡向正确。

② 现场采用喷、浇、抹等工艺施工的保温层，其配合比应计量准确，搅拌均匀，分层连续施工，表面平整，坡向正确。

③ 板材应粘贴牢固、缝隙严密、平整。

(2) 架空隔热屋面

1) 用尺测量抽查屋面的通风隔热架空层的架空高度、安装方式、通风口位置及尺寸

是否符合设计及有关标准要求。

2）检查架空层内无杂物，面层应完整，不得有断裂和露筋等缺陷。

3）坡屋面、内架空屋面当采用敷设于屋面内侧的保温材料隔热层时，抽查保温隔热层内的防潮措施，其表面保护层是否符合设计要求。

4）对金属板保温夹芯屋面，应用尺全数检查其铺装的牢固性，其界面应严密，表面洁净，坡向正确。

（3）蓄水屋面

1）检查蓄水屋面上设置的溢水口、过水孔、排水管、溢水管，其大小、位置、标高的留设必须符合设计要求。

2）检查蓄水屋面防水层施工是否按设计要求进行。

3）蓄水屋面蓄水前必须进行蓄水试验，不得有渗漏现象。

4）用尺测量抽查蓄水深度是否符合设计要求。

（4）种植屋面

1）检查种植屋面挡墙泄水孔的留设是否符合设计要求，并不得堵塞。

2）检查种植屋面防水层施工必须符合设计要求。

3）防水层施工完成且植物种植前，应进行蓄水试验，不得有渗漏现象。

4）抽查种植屋面覆土层的土质以及覆土深度是否符合设计要求。

（5）采光屋面

1）采光屋面的传热系统、遮阳系统、可见光透射比、气密性应符合设计要求。监理应抽查节点的构造做法是否符合设计相关标准的要求。对采光屋面的可开启部分应根据门窗节能工程的有关要求进行全数验收，核查质量证明文件。

2）检查采光屋面的安装是否牢固，其坡度应正确。

3）采光屋面应严密封闭，嵌缝处不得渗漏，应进行淋水试验。

3. 屋面节能工程的验收

屋面保温隔热工程的施工，必须在基层质量验收合格后进行。施工过程中应及时进行质量检查、隐蔽工程验收和检验批验收，施工完成后应进行屋面节能分项工程验收。

（1）检验批划分规定

参照《建筑屋面工程施工质量验收规范》GB 50207—2002 的有关规定，屋面节能分项工程检验批划分应符合下列规定：

1）检验批可按施工段或变形缝划分；

2）当面积超过 100m² 时，每 100m² 可划分为一个检验批，不足 100m² 也为一个检验批；

3）不同构造做法的屋面节能工程应单独划分检验批。

（2）隐蔽工程验收

屋面节能工程应按不同结构形式对不同构造层逐层作隐蔽验收，并应有详细的文字记录和必要的图像资料。主要对下列部位进行隐蔽工程验收：

1）基层；

2）保温层的敷设方式、厚度；板材缝隙填充质量；

3）屋面热桥部位；

4）隔汽层。

五、地面节能工程监理工作要点及措施

1. 地面节能保温材料控制

（1）用于地面节能工程保温材料，其品种、规格应符合设计要求和相关标准的规定。材料进场时，按批次核查材料质量证明文件。

（2）材料进场时应对其导热系统、密度、抗压强或压缩强度、燃烧性能进行复验，复验应为监理见证取样送检。

2. 地面节能工程监理质量控制

（1）基层处理

地面节能工程施工前应将基层处理好，使基层平整、清洁，监理应对基层处理情况进行检查，确保其达到设计和施工方案的要求。

（2）填充层

目前常见的填充层在构造做法，以采用的不同材料类型分为三种：

1）松散材料监理控制措施有：

① 检查材料的质量，其表观密度、导热系数、粒径应符合规定。

② 复核基层处理后标高的定位线。

③ 检查地漏、管根局部是否用砂浆或细石混凝土处理好，暗敷管线应安装完毕。

④ 松散材料铺设前，宜预埋间距 800～1000mm 木龙骨（防腐处理）、半砖矮隔断或抹水泥砂浆矮隔断一条，检查松散材料敷设高度符合填充层的设计厚度要求，控制填充层的厚度。

⑤ 控制虚铺厚度不宜大于 150mm，应根据其设计厚度确定需要铺设的层数，并根据试验确定每层的虚铺厚度和压实程度，分层铺设保温材料，每层均应铺平压实，压实采用滚和木夯，填充层表面应平整。

⑥ 穿越地面直接接触室外空气的各种金属管道应按设计要求，应全数检查是否采取隔热桥的保温措施。

2）整体保温材料监理控制措施有：

① 检查水泥、沥青等胶结材料的进场资料，应符合国家有关标准的规定。

② 复核基层表面清理后的标高线。

③ 检查地漏、管根局部是否用砂浆或细石混凝土处理好，暗敷管线应安装完毕。

④ 按设计要求的配合比拌制整体保温材料。水泥、沥青膨胀珍珠岩、膨胀蛭石应采用人工搅拌，避免颗粒破碎。水泥为胶结料时，应将水泥制成水泥浆后，边拨边搅。当以热沥青为胶结料时，沥青加热温度不应高于 240℃，使用温度不宜低于 190℃。

⑤ 检查铺设时是否按要求进行分层压实，其虚铺厚度与压实程度是否满足试验确定的参数。表面应平整。

⑥ 穿越地面直接接触室外空气的各种金属管道应按设计要求，应全数检查是否采取隔热桥的保温措施。

3）板状保温材料监理控制措施有：

① 所用材料应符合设计要求，水泥、沥青等胶结料应符合国家有关标准的规定。

② 复核基层表面清理后标高线的定位测量。

③ 检查地漏、管根局部是否用砂浆或细石混凝土处理好，暗敷管线应安装完毕。

④ 板状保温材料应分层错缝铺贴，每层应采用同一厚度的板块，检查其厚度是否符合设计要求。

⑤ 板状保温材料不应破碎、缺棱掉角，铺设时遇有缺棱掉角、破碎不齐的，应锯平拼接使用。

⑥ 干铺板状保温材料时，应紧靠基层表面，铺平、垫稳、分层铺设时，上下接缝应互相错开。

⑦ 检查保温板与基层之间、各构造层之间的粘结是否牢固，缝隙应严密。

⑧ 检查保温浆料是否分层施工。

⑨ 穿越地面直接接触室外空气的各种金属管道应按设计要求，应全数检查是否采取隔热桥的保温措施。

(3) 防潮层和保护层

为防止保温层材料吸潮后含水率增大，降低保温效果，同时提高保温层表面的抗冲击能力，防止保温层受到外力的破坏，保温层的表面应设置防潮层和保护层。特别是夏热冬冷地区，地面防潮是不可忽视的问题。从围护结构的保护、环境舒适度和节能等方面都要求认真考虑，予以重视。尤其是当采用空铺实木地板或胶结强化木地板面层时，更应特别注意下面垫层的防潮设计。

(4) 采暖地面

采用地面辐射采暖的工程，监理应全数检查其地面节能的做法符合设计要求，并应符合《地面辐射供暖技术规程》JGJ 142 的规定。监理控制措施如下：

1) 核查地面辐射采暖工程施工前的作业条件是否符合要求，施工准备工作应到位，施工环境条件符合要求，预留预设洞口完成。

2) 检查绝热层的铺设质量是否符合要求，铺设应平整，结合严密。

3) 检查低温热水系统中分水器、集水器安装位置和间距是否符合要求。

4) 加热管敷设前，应对照图纸核定加热管的选型、管径、壁厚，并应检查加热管外观质量，管内部不得有杂质。加热管切割，应采用专用工具。切口应平整，断口面应垂直管轴线。检查加热管的安装是否按设计图纸标定的管间距和走向敷设。埋设于填充层内的加热管不应有接头。

5) 检查加热管弯头两端固定卡的设置以及固定点的间距。

6) 检查加热管出地面至分水器、集水器下部连接处的明装管段是否在外部加装塑料套管，且套管高出装饰面 150～200mm。

7) 检查加热管与分水器、集水器连接是否采用卡套、卡压式挤压夹紧连接。

8) 检查伸缩缝的设置是否符合设计要求和规定。

9) 检查发热电缆系统中发热电缆是否按照施工图纸标定的电缆间距和走向敷设，电缆间距和敷设质量是否符合要求。

10) 控制混凝土填充层的施工质量，且在填充层施工完毕后，应进行发热电缆的标称电阻和绝缘电阻检测、验收并做好记录。

11) 检查面层的施工质量是否满足和符合设计要求和有关规定。

3. 地面节能工程的验收

地面节能工程的施工，应在主体或基层质量验收合格后进行。施工过程中应及时进行质量检查、隐蔽工程验收和检验批验收，施工完成后应进行地面节能分项工程验收。

（1）检验批划分规定

参照《建筑地面工程施工质量验收规范》GB 50209—2010 的有关规定，地面节能分项工程检验批划分应符合下列规定：

1）检验批可按施工段或变形缝划分；

2）当面积超过 200m² 时，每 200m² 可划分为一个检验批，不足 2000m² 也为一个检验批；

3）不同构造做法的地面节能工程应单独划分检验批。

（2）隐蔽工程验收

地面节能工程应对下列部位进行隐蔽工程验收，并应有详细的文字记录和必要的图像资料：

1）基层；

2）被封闭的保温材料厚度；

3）保温材料粘结；

4）隔断热桥部位。

六、采暖节能工程监理工作要点及措施

1. 工程使用的各种材料、配件及设备的质量控制

（1）管材：碳素钢管、无缝钢管、镀锌碳素钢管应有产品出厂合格证，管材不得弯曲、锈蚀、有飞刺及凹凸不平以及镀层不均等缺陷。

（2）管件要符合国家标准，应有产品出厂合格证，无偏扣、方扣、断丝和角度不准等缺陷。

（3）各类阀门应有产品出厂合格证，规格、型号、强度和严密性试验符合设计要求。丝扣无损伤，铸造无毛刺、无裂纹，开关灵活严密，手轮无损伤。

（4）附属装置：减压器、疏水器、过滤器、补偿器、法兰等应符合设计要求，应有产品出厂合格证及说明书。

（5）散热器（铸铁、钢制）：散热器的型号、规格、使用压力必须符合设计要求，并有产品出厂合格证；散热器不得有砂眼，对口面不得有偏口、裂缝和上下口中心距不一致等现象。翼型散热器翼片完好，整组炉片不翘楞。

（6）散热器的组对零件和管件应配套，符合质量要求，无偏扣、方扣、乱扣和断扣，丝扣端正，松紧适宜。石棉橡胶垫以 1mm 厚为宜（不超过 1.5mm），符合使用压力要求。

（7）仪表应有产品质量合格证及相关性能检验报告。

（8）保温材料应用产品质量合格证和材质检测报告，检测报告必须是有效期内的抽样检测报告。使用到建筑物内的保温材料还要有防火等级的检测报告。

2. 采暖工程节能验收

采暖节能工程主要验收内容，见表 3-6。

采暖节能工程主要验收内容 **表 3-6**

序号	主要验收内容	验收记录
1	系统制式	系统制式质量验收记录表
2	散热器	散热器安装质量验收记录表
3	设备、阀门与仪表	设备、阀门与仪表安装质量验收记录表
4	热力入口装置	热力入口装置安装质量验收记录表
5	保温材料	保温材料安装质量验收记录表
6	调试	调试质量验收记录表

七、通风与空调节能监理工作要点及措施

1. 材料、设备、部件等产品质量核查

(1) 按设计要求核对类型、材质、规格及外观质量等；

(2) 按设计要求和有关国家标准规定，认真核查下列设备的有关性能参数：

1) 组合式空调机组、柜式空调机组、新风机组、单元式空调机组等空调设备的冷量、热量、风量、风压及功率；

2) 热回收装置的额定热回收效率；

3) 风机的风量、风压、功率及其单位风量耗功率；

4) 成品风管的技术性能参数控制；

5) 自控阀门与仪表的技术性能参数；

6) 风机盘管机组的冷量、热量、风量、出口静压、噪声及功率等；

7) 绝热材料的导热系数、密度和吸水率性能指标等。

2. 过程质量控制

(1) 风系统节能质量控制

1) 检查风系统制式的相符性；

2) 风系统自控阀门与仪表控制。

(2) 水系统节能质量控制

1) 检查水系统制式的相符性；

2) 自控阀门与仪表功能控制。

(3) 设备安装节能质量控制

1) 组合式空调机组、柜式空调机组、新风机组、单元式空调机组的安装；

2) 风机盘管机组安装控制；

3) 风机的安装控制。

(4) 风系统绝热层与防潮层节能控制要点及措施

1) 绝热层的材质、规格与厚度应符合设计要求；

2) 绝热层与风管、部件及设备应紧密贴合，无裂缝、空隙等缺陷，且纵、横向的接缝应错开；

3) 风管法兰绝热层的厚度不应低于风管绝热层厚度的 80%；

4) 风管穿墙和穿楼板等处的绝热层应连续不间断；

5）风管绝热层采用粘结方法固定时，施工应符合规定；

6）风管绝热层采用保温钉连接固定时，应符合规定。

（5）水系统绝热层和防潮层节能控制要点及措施

1）绝热层的材质、规格与厚度应符合设计要求，对绝热层厚度可采用钢针刺入或尺量检查的方式进行随机抽查；

2）硬质或半硬质绝热管壳的粘贴应牢固，铺贴应平整，拼接应严密；

3）松散或软质保温材料疏密均匀性检查；

4）防潮层与绝热层的结合紧密性，封闭严密；

5）卷材防潮层的搭接宽度控制；

6）冷热水管穿楼板和墙处的绝热层处理；

7）可拆卸部件绝热层控制；

8）管道与支架间的绝热措施（防“冷桥”或“热桥”的措施）。

3. 设备单机试运转节能工作要点及措施

单机试运转和调试结果应符合设计要求。

（1）风机的试运转调试

通风机、空调机组中的风机，试运转时监理旁站检查叶轮旋转方向、运转平稳情况、有无异常振动与声响，其电机运行功率是否符合设备技术文件的规定。在额定转速下连续运转 2h 后，检查滑动轴承外壳最高温度不得超过 70℃；滚动轴承不得超过 80℃。

（2）单元式空调机组的试运转调试

应符合设备技术文件要求和现行国家标准《制冷设备、空气分离设备安装工程施工及验收规范》GB 50274 的有关规定，正常运转时间不应少于 8h。

4. 系统联动调试节能工作要点及措施

（1）风系统联调

1）系统联动试运转中，设备及主要部件的联动必须符合设计要求，动作协调、正确，无异常现象；

2）系统总风量测定控制；

3）风口风量的测定与调整。

（2）水系统联调

1）空调冷热水、冷却水总流量测试结果与设计流量的偏差不应大于 10%；

2）空调工程水系统应冲洗干净，不含杂物，并排除管道系统中的空气；系统连续运行应达到正常、平稳；水泵的压力和水泵电机的电流不应出现大幅波动。系统平衡调整后，各空调机组的水流量应符合设计要求，允许偏差为 20%；

3）多台冷却塔并联运行时，各冷却塔的进、出水量应达到均衡一致。

八、空调与采暖系统冷热源及管网节能监理工作要点及措施

1. 材料、设备节能质量控制

重点核查冷热源设备的技术性能参数。

2. 过程控制要点及措施

（1）冷源设备的安装控制

冷源设备主要指各类制冷机组。制冷机组一般包括压缩机、电动机及其成套附属设备在内的整体式或组装式制冷装置。其安装控制要点及控制措施如下：

1）首先检查制冷机组应在底座的基准面上找正、找平；

2）检查制冷机组的自控元件、安全保护继电器、电器仪表的接线和管道连接；

3）制造厂出厂但未充灌制冷剂的制冷机组，应按有关的设备技术文件的规定充灌制冷剂。

（2）热源设备安装控制

1）锅炉规格、数量的核对检查；

2）锅炉燃烧系统的性能与控制；

3）热水锅炉热网循环水系统安装控制；

4）锅炉烟气余热回收系统的节能质量控制；

5）热水热交换站系统节能质量控制。

（3）冷却塔、水泵等辅助设备的安装

1）冷却塔的安装环境控制；

2）循环水泵的安装与试运转。

（4）管网系统安装控制

1）管道系统的制式应符合设计要求；

2）管网系统应能实现设计要求的变流量或定流量运行；

3）供热系统应能根据热负荷及室外温度变化实现设计要求的集中质调节、量调节或质一量调节相结合的运行。

（5）管网系统的绝热、防潮层安装控制

1）管网系统管道及配件绝热层和防潮层的施工质量控制要点同本书“通风与空调节能过程”中的有关章节。当输送介质温度低于周围空气露点温度的管道采用非封闭绝热材料作绝热层时，其防潮层和保护层应完整，且封闭良好。

2）冷热水管与支、吊架之间绝热衬垫的质量控制同本书“通风与空调节能工程”有关章节要求。

3）冷热源设备及其辅助设备、配件的绝热层施工不得影响其操作功能。

（6）自控阀门及仪表的安装控制

1）各种自控阀门与仪表应按设计要求安装齐全，不得随意增减或更换；

2）冷热源侧的电动两通调节阀、水力平衡阀及冷（热）量计量装置等自控阀门与仪表的安装应符合要求。

3. 系统调试控制要点及措施

（1）冷热源和辅助设备必须进行单机试运转及调试

1）制冷机组试运转调试控制：

① 试运转前准备工作检查要点；

② 运转过程检查内容。

2）锅炉试运行调试：

锅炉机组在安装完毕并完成分部试运行后，必须通过 72h 整套试运行。

① 在正常运行条件下对施工、设计和设备进行考核，检查设备是否有达到规定的压

力，各项性能是否符合原设计的要求，同时可检验锅炉安装和制造质量，而且检验所有辅助设备的运行情况，特别是转动机械在运行时有无振动和轴承过热等现象；

② 锅炉在试运行前，应进行锅炉的各项热力调整试验。

3）冷却塔的试运转调试。

4）循环水泵调试。

（2）系统联动试运转调试

1）冷热源和辅助设备必须同建筑物内空调或采暖系统进行联合试运转及调试；

2）联合试运转及调试检测项目：

① 室内温度；

② 供热系统室外管网的水力平衡度；

③ 供热系统的补水率；

④ 室外管网的热输送效率；

⑤ 空调机组的水流量；

⑥ 空调系统的冷热水、冷却水的总流量。

九、配电及照明系统节能监理工作要点及措施

1. 配电及照明节能工程主要设备、材料进场质量控制

（1）主要设备、材料、成品和半成品进场检验结论应有记录，确认符合要求，才能在施工中应用。

（2）因有异议送有资质试验室进行抽样检测，试验室应出具检测报告，确认符合规定，才能在施工中应用。

（3）依法定程序批准进入市场的新电气设备、器具和材料进场验收，应同时提供安装、使用、维修和试验要求等技术文件。

（4）进口电气设备、器具和材料进场验收，应同时提供商检证明和中文的质量合格证明文件，规格、型号、性能检测报告以及中文的安装、使用、维修和试验要求等技术文件。

2. 监理工作质量控制要点

（1）配电及照明节能工程必须已按设计要求完成。

（2）系统功能检验工作须有经过审批的方案，方案主要包括检验组织机构、人员配备情况、检验仪器配备、检验内容及方案操作规程、检验计划安排等。

（3）各项功能检验技术指标合格标准必须符合设计及规范要求。

（4）用于检验的仪器、仪表规格和量程应符合要求且在有效期内。

（5）检验方法必须符合规范要求。

（6）检验数量不得少于规范要求。

（7）检验结果须真实记录汇总并对不符之处落实整改。

3. 施工质量检查验收

（1）按规定的质量评定标准和方法，对完成的检验批、分项、分部工程进行检验。

（2）工程竣工验收。根据承包单位工程验收申请报告，总监理工程师组织有关专业监理工程师依据有关法律、法规、工程建设强制性标准、设计文件及施工合同，对承包单位

报送的竣工资料进行审查，并对工程质量进行竣工预验收。竣工预验收的程序如下：

1）当单位工程达到竣工验收条件后，承包单位应在自审、自查、自评工作完成后，填写工程竣工报验单，并将全部竣工资料报送项目监理机构，申请竣工验收。

2）总监理工程师应组织各专业监理工程师对竣工资料及专业工程的质量情况进行全面检查，对检查出的问题，督促承包单位及时整改。

3）监理工程师督促承包单位搞好成品保护和现场清理。

4）经项目监理部对竣工资料及实物全面检查、验收合格后，由总监理工程师签署工程预验收报验单，并向业主提出质量评估报告。

5）在竣工预验收合格基础上，按国家验收规范标准，报请业主确定组织竣工验收的日期和程序，协助组织竣工验收工作，对验收中提出的整改问题，监理工程师要求承包单位落实整改。经复查工程质量符合要求后，由总监理工程师会同参加验收的各方签署竣工验收报告。

6）整理工程项目监理文件资料，按要求编目、建档。

十、监测与控制节能工程监理工作要点及措施

1. 监测与控制节能工程进场设备及材料控制要点

(1) 必须按照合同技术文件和工程设计文件的要求，对设备、材料和软件进行进场验收。进场验收应有书面记录和参加人签字，并经监理工程师或建设单位验收人员签字。未经进场验收合格的设备、材料和软件不得在工程上使用和安装。经进场验收的设备和材料应按产品的技术要求妥善保管。

(2) 设备及材料的进场验收应填写设备材料进场检验表。

(3) 设备及材料的进场验收除按上述规定执行外，还应符合下列要求：

1）电气设备、材料、成品和半成品的进场验收应按《建筑电气安装工程施工质量验收规范》GB 50303 中第3.2节的有关规定执行。

2）各类传感器、变送器、电动阀门及执行器、现场控制器等的进场验收要求：

① 查验合格证和随带的技术文件，实行产品许可证和强制性产品认证标志的产品应有产品许可证和强制性产品认证标志。

② 外观检查：铭牌、附件齐全，电气接线端子完好，设备表面无缺损，涂层完整。

2. 主要单体设备调试质量控制要点

(1) 通风与空调系统

1）新风机（二管制）单体设备调试

① 检查新风机控制柜的全部电气元器件有无损坏，内部与外部接线是否正确无误。

② 按监控点表要求，检查安装在新风机上的温、湿度传感器、电动阀、风阀、压差开关等现场设备的位置，接线是否正确和输入、输出信号类型、量程是否和设置相一致。

③ 在手动位置，确认风机在手动状态下已运行正常。

④ 确认 DDC 控制器和 I/O 模块的地址码设置是否正确。

⑤ 编程器检查所有模拟量输入点送风温度和风压的量值，并核对其数值。

⑥ 确认 DDC 送电并接通主电源开关，观察 DDC 控制器和各元件状态是否正常。

⑦ 启动新风机。新风机应联锁打开，送风温度调节控制应投入运行。

⑧ 模拟送风温度大于送风温度设定值（一般为 3℃左右），热水调节阀应逐渐减小开度直至全部关闭（冬天工况），或者冷水阀逐渐加大开度直至全部打开（夏天工况）。模拟送风温度小于送风温度设定值（一般为 3℃左右），确认其冷热水阀运行工况与上述完全相反。

⑨ 需进行湿度调节，模拟送风湿度小于送风湿度设定值，加湿器应按预定要求投入工作，直到送风湿度趋于设定值。

⑩ 当新风机采用变频调试或高、中、低三速控制器时，应模拟变化风压测量值或其他工艺要求，确认风机转速能相应改变或切换到测量值并稳定在设计值，风机转速应稳定在某一点上，同时，按设计和产品说明书的要求记录 30%、50%、90%风机速度时对应高、中、低三速的风压或风量。

⑪ 停止新风机运转，则新风门，冷、热水调节阀门，加湿器等应回到全关闭位置。

⑫ 单体调试完成时，应按工艺和设计要求在系统中设定其送风温度、湿度和风压的初始状态。

2）空调冷热源设备调试

① 按“新风机（二管制）单体设备调试”中①～⑥的要求完全测试检查与确认。

② 按设计和产品说明书的规定在调试确认主机、冷热水泵、冷却水泵、冷却塔、风机、电动阀等相关设备单机运行正常的情况下，在 DDC 侧或主机侧检测该设备的全部 AO、AI、DO、DI 点，确认其满足设计和监控点表的要求。启动自动控制方式，确认系统设备按设计和工艺要求顺序投入运行和关闭自动退出运行两种方式均满足要求。

③ 增加或减少空调机运行台数，增加其冷热负荷，检验平衡管流量的方向和数量，确认能启动或停止冷热机组的台数，以满足负荷需要。

④ 模拟一台设备故障停运，以致整个机组停运，检验系统是否能自动启动一个备用的机组投入运行。

⑤ 按设计和产品技术说明的规定，模拟冷却水温度的变化，确认冷却水温度旁通控制和冷却塔高、低速控制的功能，并检查旁通阀动作方向是否正确。

3）风机盘管单体调试

① 检查电动阀门和温度控制器安装和接线是否正确。

② 确认风机和管路已处于正常运行状态。

③ 设置风机高、中、低三速和电动开关阀的状态，观察风机和阀门工作是否正常。

④ 操作温度控制器的温度设定按钮和模拟设定按钮，风机盘管的电动阀应有相应的变化。

⑤ 若风机盘管控制器与 DDC 相连，应检查主机对全部风机盘管的控制和监测功能（包括设定值修改、温度控制调节和运行参数）。

4）空调水二次泵及压差旁通调试

① 按“新风机（二管制）单体设备调试”中①～⑥的要求完全测试检查与确认。

② 若压差旁通阀门采用无位置反馈，应做如下测试：打开调节阀驱动器外罩，观察并记录阀门从全关至全开所需时间，取两者较大值作为阀门“全行程时间”参数，输入 DDC 控制器输出点数据区。

③ 二次泵压差旁路控制的调节：先在负荷侧全开一定数量的调节阀，其流量应等于

一台二次泵额定流量，接着启动一台二次泵运行，然后逐个关闭已开的调节阀，检查压差旁通阀门旁路。在上述过程中应同时观察压差测量值是否基本在设定稳定值附近，否则应寻找不稳定的原因，并排除故障。

④ 检查二次泵的台数控制程序，是否能按预定的要求运行。其中负载总流量先按设备工艺参数规定，可在经过一年的负载高峰期，获得实际峰值，结合每台二次泵的负荷适当调整。当发生二次泵台数启/停切换时，应注意压差测量值也应基本稳定在设定值附近，否则可适当调整压差旁通控制的 PID 参数，试验是否能缩小压差值的波动。

⑤ 检验系统的联锁功能：每当有一次机组在运行，二次泵台数控制便应同时投入运行，只要有二次泵在运行，压差旁通控制便应同时工作。

(2) 供配电系统

1) 模拟量输入信号的精度测试检查

在变送器输出端测量其输出信号的数值，通过计算机与主机上的显示数值进行比较，其误差应满足设计和产品的技术要求。

2) 检测

变配电设备的 BA 系统监控项目必须全部检测检查，必须全部符合设计要求。

(3) 照明系统

1) 按设计图纸和通信接口的要求，检查强电柜与 DDC 通信方式的接线是否正确，数据通信协议、格式、传输方式、速率应符合设计要求。

2) 系统监控点的测试检查。根据设计图纸和系统监控点表的要求，按有关规定的方式逐点进行测试。确认受 BAS 控制的照明配电箱设备运行正常情况下，启动顺序、时间或照度控制程序，按照明系统设计和监控要求，按顺序、时间程序或分区方式进行测试。

(4) 空调水系统

1) 按设计监控要求，检查各类设备的电气控制柜与 DDC 之间的接线是否正确，严防强电串入 DDC。

2) 检查各类受控传感器安装应符合规范要求，接线应正确。

3) 检查各类受控设备，在手动控制状态下应运行正常。

4) 按规定要求检测设备 AO、AI、DO、DI 点，确认其满足设计监控点和联动联锁的要求。

(5) 热源和热交换系统

1) 检查热泵机组控制柜的全部电气元器件有无损坏，内部与外部接线是否正确无误。

2) 按控制点表要求，检查热泵机组上的温、湿度传感器、电动阀、风阀、压差开关等设备的位置，接线是否正确和输入/输出信号类型、量程应和设置相一致。

3) 手动位置时，确认各单机在手动状态下应运行正常。

4) 确认 DDC 控制器和 I/O 模块的地址码设置应正确。

5) 确认 DDC 送电并接通主电源开关，观察 DDC 控制器和各元件状态应正常。

6) 对填写的 BA 系统监控点记录表，进行核查。

7) 按设计和产品技术说明书规定，在确认主机、热泵机组、电动阀等相关设备单独运行正常下，检查全部 AI、AO、DI、DO 点应满足设计和监控点表的要求。然后确认系统在启动或关闭两种自动控制情况下，按设计和工艺要求顺序，各设备投入或退出运行两种方式应正确。

8）增减空调机运行台数，增加其冷热负荷，检验平衡管流量的方向和数值，确定能启动或停止冷热机组的台数，以满足负荷需要。

9）模拟一台设备故障停运，或者整个机组停运，检验系统是否自动启动一个备用的机组投入运行。

10）系统调试质量控制：

① 检查系统接线：主机与网络、网关设备、DDC、系统外部设备（包括 UPS、打印设备）、通信接口（包括其他子系统）之间的连接及传输线型号、规格应符合系统设计图纸要求。

② 系统通信检查：通信接口的通信协议、数据传输格式、速率等应符合设计要求。然后进行通电检查，启动程序，检查主机与本系统其他设备通信是否正确，确认系统内设备有无故障。

第七节 建筑节能工程现场检验和外墙节能构造钻芯检验

一、建筑节能工程现场检验

（一）概述

工程监理单位应根据设计图纸和《建筑节能工程施工质量验收规范》（GB 50411—2007）的要求，跟踪对围护结构的实体检测过程，依据检测结果报告对围护结构作出建筑节能工程质量的评定。

建筑围护结构系指建筑物及房间各面的围挡物。一般由外墙、内墙、外门窗、内门窗、幕墙、屋面、楼板、地面等界面构件组合而成。它分透明和不透明两部分；不透明的围护结构有墙、屋顶和楼板等；透明的围护结构有窗户、天窗和阳台门等。按是否同室外空气直接接触以及建筑物中的位置，又可分为外围护结构和内围护结构。外围护结构指构成建筑空间的界面构件与大气接触的部分，如外墙、屋顶、楼板、外门和外窗等；内围护结构指不同室外空气直接接触的围护结构，如隔墙、楼板、内门和内窗等。

（二）监理控制要点

（1）配合建设单位委托具备检测资质的检测机构承担围护结构现场实体检验。监理单位应协助建设单位考察其企业资质、人员资格、检测能力、试验设备等内容。

（2）与建设单位、检测单位和施工单位协商检测项目、检测部位、抽测数量、检测方法，并将检测方法、抽样数量、检测保温性能的合格判定标准等列在合同中约定。

（3）审核检测方案和计划的可操作性。

（4）协助检测单位落实检测前的多项准备工作。

（5）检测前检查现场设施的安全性。

（6）具备资格的监理见证人员应在检测现场进行跟踪见证，并记录检测方法、检测部位、检测数据、检测时间、旁站时间及现场发现的问题等内容。

（7）监理见证人员对需要送样的材料、构件应亲自封样。

（8）监理见证人员负责收集和统计工程材料/构配件/设备审核所需的合格证明文件

(包括质保书、备案证明、交易凭证等)、工程材料复试报告和现场检测报告等试验合格文件。

(9) 及时准确地填写“建设工程材料监理监督台账”。

(10) 根据检测单位出具的检测报告对检测中发现的不符合设计及规范要求的问题请设计、施工单位共同协商整改方案，落实整改计划，督促整改工作的实施，并在整改后复查销项。

(三) 围护结构现场实体检验要求

《建筑节能工程施工质量验收规范》(GB 50411—2007) 中第 14.1.1 条规定，“建筑围护结构施工完成后，应对围护结构的外墙节能构造和严寒、寒冷、夏热冬冷地区的外窗气密性进行实体检测。当条件具备时，也可直接对围护结构的传热系数进行检测”，监理应督促该项工作的落实到位。

1. 建筑热工设计分区

根据《民用建筑热工设计规范》(GB 50176) 的规定，建筑热工设计分区与工程所在时区气候相适应，其要求如表 3-7 所示。

建筑热工设计分区及设计要求 **表 3-7**

分区名称	分区指标		设计要求
	主要指标	辅助指标	
严寒地区	最冷月平均温度≤−10℃	日平均温度≤5℃的天数≥145d	必须充分满足冬季保温要求，一般可不考虑夏季防热
寒冷地区	最冷月平均温度 0～−10℃	日平均温度≤5℃的天数 90～145d	应满足冬季保温要求，部分地区兼顾夏季防热
夏热冬冷地区	最冷月平均温度 0～10℃，最热月平均温度 25～30℃	日平均温度≤5℃的天数 0～90d 日平均温度≥25℃的天数 40～110d	必须满足夏季防热要求，适当兼顾冬季保温
夏热冬暖地区	最冷月平均温度>10℃，最热月平均温度 25～29℃	日平均温度≥25℃的天数 100～200d	必须充分满足夏季防热要求，一般可不考虑冬季保温
温和地区	最冷月平均温度 0～13℃，最热月平均温度 18～25℃	日平均温度≤5℃的天数 0～90d	部分地区应考虑冬季保温，一般可不考虑夏季防热

2. 外墙节能构造的现场实体检验方法及目的

第 14.1.2 条外墙节能构造的现场实体检验方法是“外墙节能构造钻芯检验方法”，其检验目的是：

(1) 验证墙体保温材料的种类是否符合设计要求；

(2) 验证保温层厚度是否符合设计要求；

(3) 检查保温层构造做法是否符合设计和施工方案要求。

3. 围护结构现场实体检验项目

现场监理应跟踪表 3-8 的检验项目，并将围护结构现场实体检验结果记录在《围护结构现场实体检验记录表》中。

围护结构现场实体检验项目 **表 3-8**

构件名称	验证项目	抽样数量	试验结论	验收要求	人员
外窗	气密性	合同约定数量或规范规定： 每个单位工程的外窗至少抽查 3 樘。 当一个单位工程外窗有 2 种以上品种、类型和开启方式时，每个品种、类型和开启方式的外窗应抽查不少于 3 樘	当出现不符合设计要求和标准规定，应扩大一倍数量抽样，对不符合要求的项目或参数再次检验，仍然不符合要求时应给出“不符合设计要求”的结论	查明不合格原因，采取技术措施予以弥补或消除后重新进行检测，合格后方可通过验收	监理单位见证人员 施工单位的取样员 施工单位委托有资质的检测机构
外墙节能构造	墙体保温材料的种类、保温层厚度、构造做法	合同约定数量或规范规定： 每个单位工程的外墙至少抽查 3 处，每处一个检查点，不宜在同一个房间外墙上取 2 个或 2 个以上芯样；当一个单位工程外墙有 2 种以上节能保温做法时，每种节能做法的外墙应抽查不少于 3 处			监理单位见证人员 施工单位的取样员 施工单位委托有资质的检测机构
围护结构	传热系数	合同约定	由建设单位委托有资质的检测机构出具	符合设计图纸要求	监理单位见证人员 施工单位的取样员

注：摘自《建筑节能工程施工质量验收规范》(GB 50411—2007)。

4. 围护结构实体非正常验收评价控制

当外墙节能构造或外窗气密性现场实体检验出现不符合设计要求和标准规定的情况时，应委托有资质的检测机构扩大一倍数量抽样，对不合格项或参数再次检验。若仍然不符合要求时应给出“不符合设计要求”的结论。对于不符合设计要求的围护结构节能构造应查找原因，对因此造成的对建筑节能的影响程度进行计算或评估，采取技术措施予以弥补或消除后重新进行检测，合格后方可通过验收。

对于建筑外窗气密性不符合设计要求和国家现行标准规定的，应查找原因进行修理，使其达到要求后重新进行检测，合格后方可通过验收。

《建筑工程施工质量验收统一标准》（GB 50300—2001）中对第一次验收未能符合规范要求质量的情况做出明文规定。在保证最终质量的前提下，给出了非正常验收的四种形式：

（1）返工更换验收；

（2）检测鉴定验收；

（3）设计复核验收；

（4）加固处理验收。

只有在上述四种情况都不满足时才可以拒绝验收。

二、外墙节能构造钻芯检验方法

（一）概述

外墙节能构造钻芯检验方法适用于检验带有保温层的建筑外墙，目的是为了验证其节能构造是否符合设计要求。为了找到一种简便有效的外墙节能效果的检验方法，专家做了各种努力，显然，采用测试外墙的传热系数是首先想到的最直接的方法。但是由于检测技术的限制，直接检测墙体传热系数费用高，检测周期长，对室内外温度差要求至少要达到10℃以上，因此不便广泛采用。为了可以简便经济地对带有保温层的外墙效果进行验证，经过多次征求意见，进行研究并在部分工程上试验，决定采取一种更为简便的方法，即对围护结构的外墙构造进行现场实体检验，借此间接证明外墙节能效果达到要求。此种方法钻取的芯样完整、直观、追溯性和可复现性好，对芯样构造做法不易产生争议。钻芯成本低廉，且墙体空洞修补简单，并不会影响节能效果。

（二）钻芯取样原则

1. 取样时间

钻芯检验外墙节能构造应在外墙施工完工后、节能部分工程验收前进行。

2. 取样部位和数量

（1）取样部位应由监理（建设）与施工双方共同确定，不得在外墙施工前预先确定；

（2）取样部位应选取节能构造有代表性的外墙上相对隐蔽的部位，并宜兼顾不同朝向和楼层；取样部位必须确保钻芯操作安全，且应方便操作；

（3）外墙取样数量为一个单位工程每种节能保温做法至少取 3 个芯样。取样部位宜均匀分布，不宜在同一房间外墙上取 2 个或 2 个以上芯样。

3. 监理见证

钻芯检验外墙节能构造应在监理人员见证下取样。

4. 钻芯检验方法

钻芯检验外墙节能构造可采用空心钻头，从保温层一侧钻取直径 70mm 的芯样。钻取芯样深度为钻透保温层到达结构层或基层表面，必要时也可钻透样本。当外墙的表层坚硬不易钻透时，也可局部剔除坚硬的面层后钻芯取样。但钻芯取样后应恢复原有外墙的表面装饰层。

5. 注意事项

钻芯取样时应尽量避免冷却水流入墙体内及污染墙面。从空心钻夹取出芯样时应谨慎操作，以保持芯样完整。当芯样严重破损难以准确判断节能构造或保温层厚度时，应重新取样检验。

（三）监理控制要点

（1）对照设计图纸观察、判断保温材料种类是否符合设计要求，必要时也可采用其他方法加以判断。

（2）用分度值为 1mm 的钢尺，在垂直于芯样表面（外墙面）的方向上量取保温层厚度，精确到 1mm。

（3）观察或剖开检查保温层构造做法是否符合设计和施工方案要求。

（4）质量判定。在垂直于芯样表面（外墙面）的方向上实测芯样的保温层厚度，当实测芯样厚度的平均值达到设计厚度的95%以上且最小值不低于设计厚度90%时，应判定保温层厚度符合设计要求；否则，应判定保温层厚度不符合设计要求。

(5) 检验报告。实施钻芯检验外墙节能构造的机构应出具检验报告。检验报告至少应包括以下内容：

1) 抽样方法、抽样数量与抽样部位；

2) 芯样状态的描述；

3) 实测保温层厚度、设计要求厚度；

4) 是否给出明确的检验结论；

5) 附有带标尺的芯样照片并在照片上注明每个芯样的取样部位；

6) 监理出具的见证意见；

7) 参加现场检验的人员及现场检验时间；

8) 检测发现的其他情况和相关信息。

(6) 外墙取样部位的修补。可采取聚苯板或其他保温材料制成的圆样形塞填充并用建筑密封胶密封。修补后宜在取样部位挂贴有"外墙节能构造检验点"的标志牌。

(四) 不合格处理

当取样检验结果不符合设计要求时，应委托具备检测资质的见证检测机构增加一倍数量再次取样检验。仍不符合设计要求时应判定围护结构节能构造不符合设计要求。此时应根据检验结果委托原设计单位或其他有资质的单位重新验算房屋热工性能，提出技术处理方案。

第八节 绿色施工管理

一、绿色施工管理概述

绿色建筑是由建筑规划、设计、施工、运营维护等四个阶段构成。施工阶段是绿色建筑的组成部分，因此绿色施工是实现绿色建筑的一个重要环节。实施绿色施工是贯彻科学发展观的具体体现，是建设节约型社会，发展循环经济的必然要求，是实现节能减排目标的重要环节。因此对施工阶段节约资源、保护环境及保障施工人员安全与健康提出了规范性要求。

建筑工程施工向工业化生产发展是改变传统建造方式，减少施工现场作业，提高工业化水平，实现建筑工程向标准化、机械化生产发展的途径。施工企业要积极推动以企业为主体，产学研相结合的自主创新机制，鼓励、支持施工现场进行节能、节水、环保技术的改造；淘汰落后的机械设备、设施及高耗能、高污染的工艺技术，推广采用节能环保的新设备、新工艺、新技术，推进绿色施工科学进步。

二、绿色施工管理的相关技术标准

(1)《绿色建筑评价标准》GB/T 50378—2006；

(2)《建筑施工现场环境与卫生标准》JGJ 146—2004；

(3)《绿色施工管理规程》DB 11/513—2008；

（4）《建设工程施工现场安全防护、场容卫生、环境保护及保卫消防标准》DBJ 01—83—2003；

（5）《建设施工场界噪声限值》GB 12523；

（6）地方政府及部委颁发有关绿色建筑法规及标准。

三、绿色施工管理包括的主要内容

绿色施工管理的主要内容包括资源节约、环境保护、职业健康与安全等。

（一）资源节约

1. 节约土地

（1）建设工程施工现场物料堆放应紧凑，施工道路宜按照永久道路和临时道路相结合的原则布置，尽量减少土地占用。如果施工现场场地狭小，需选择第二场地进行材料堆放。材料加工时，应优先考虑用荒地、废地或闲置的土地。

（2）土方开挖施工应采用先进的技术措施，减少土方开挖量，最大限度地减少对土地的扰动，保护周边自然生态环境。

（3）挖出的弃土，有场地堆放的应提前进行挖填平衡计算，或与邻近施工场地之间的土方进行资源调配，尽量利用原土回填，做到土方量挖填平衡。因施工造成裸土的地块，应及时覆盖砂石或种植草种，防止由于地表径流或风化引起的场地内水土流失。施工结束后，应恢复其原有地貌和植被。

2. 节约能源

（1）施工现场应制订节能措施，提高能源利用率，对能源消耗大的工艺必须制定专项降耗措施。

（2）临时设施的设计、布置与使用，应采取有效的节能降耗措施，并符合下列规定：

1）利用场地自然条件，合理设计办公及生活临时设施的体形、朝向、间距和窗墙面积比，冬季利用日照并避开主导风向，夏季利用自然通风。

2）临时设施宜选用高效保温隔热材料制成的复合墙体和屋面，以及密封保温隔热性能好的门窗。

3）规定合理的温度、湿度标准和使用时间，提高空调和采暖装置的运行效率。夏季室内空调温度设置不得低于26℃，冬季室内空调温度不得高于20℃。

4）照明器具宜选用节能型器具。

（3）施工现场机械设备管理应满足下列要求：

1）施工机械设备应建立按时保养、保修、检验制度。

2）施工机械宜选用高效节能电动机；室外照明宜采用高强度气体放电灯；办公场所、生活区内宜采用节能型照明器具。

3）施工现场用电必须装设电表，生活区和施工区分别计量；用电电源处应设置明显的节约用电标识；并应建立照明运行维护和管理制度。

4）施工现场有条件时可利用太阳能作为照明能源，办公区、生活区宜安装太阳能装置提供生活热水。

3. 节水

（1）施工现场应实行用水计量管理，严格控制施工阶段用水量。

(2) 施工现场生产、生活用水必须使用节水型生活用水器具，在水源处应设置明显的节约用水标识。

(3) 施工降水应遵循“保护优先、合理抽取、抽水有偿、综合利用”的原则，优先采用连续墙、护坡桩＋桩间旋喷桩、水泥土桩＋型钢等帷幕隔水施工方法，隔断地下水进入施工区域。因特殊情况需要进行降水的工程，必须组织专家论证审查。

(4) 应充分利用雨水资源，保持水体循环，有条件的宜收集屋顶、地面雨水再利用。

(5) 应对施工现场的污水、废水等非传统水源进行综合处理，提高水循环利用率，减少污、废水排放量。

4. 节约材料和资源利用

(1) 优化施工方案，选用绿色材料，积极推广新材料、新工艺，促进材料的合理使用，节约实际施工材料的消耗量。

(2) 根据施工进度、材料周转时间、库存情况等制定采购计划，并合理确定采购数量，避免采购过多，造成积压和浪费。

(3) 对周转材料进行保养维护，延长其使用寿命。

(4) 依照施工预算，实行限额领料，严格控制材料消耗。

(5) 建立可回收物资清单，制定并实施可回收废料的回收管理办法，提高废料利用率。

(6) 根据建设现状调查，对现有建筑、设施再利用的可能性和经济性进行分析，合理安排工期。

(7) 工程施工所需临时设施（办公用房、生活用房、给排水照明、消防管道及设备）应采用可拆卸、可循环使用的材料，并在相关专项方案中明确回收再利用措施。

（二）环境保护

1. 扬尘污染控制

(1) 施工现场主要道路应根据用途进行硬化处理，土方应集中堆放。裸露的场地和集中堆放的土方应采取覆盖、固化或绿化等措施。

(2) 施工现场大门口应设置冲洗车辆设施。

(3) 施工现场易飞扬、细颗料、散体材料应密闭存放。

(4) 遇有四级以上大风天气，不得进行土方回填、转运以及其他可能产生扬尘污染的施工。

(5) 施工现场办公区和生活区的裸露场地应进行绿化美化。

(6) 施工现场材料存放区、加工区，大模板存放场地应平整、坚实。

(7) 建筑拆除工程施工时应采取有效的降尘措施。

(8) 规划市区范围的施工现场，混凝土浇筑量超过 $100m^3$ 以上的工程，应当使用预拌混凝土；施工现场应采用预拌砂浆。

(9) 市政道路施工铣刨作业时，应采用冲洗等措施，控制扬尘污染。无机料拌合应采用预拌进场，碾压过程中要洒水降尘。

(10) 施工现场应建立封闭式垃圾站。建筑物内施工垃圾的清运，必须采用相应的容器式管道运输，严禁凌空抛掷。

2. 有害气体排放控制

(1) 施工现场严禁焚烧各类废弃物。

(2) 施工车辆、机械设备的尾气排放应符合国家排放标准。

(3) 建筑材料应有合格证明。对含有害物质的材料应进行复检，合格后方可使用。

(4) 民用建筑工程室内装修严禁采用沥青、煤焦油类防腐防潮处理剂。

(5) 施工中所使用的阻燃剂、混凝土外加剂氨的释放量应符合国家标准规定。

3. 水土污染控制

(1) 施工现场搅拌机前台、混凝土输送机、运输车辆清洗处应当设置沉淀池。废水不得直接排入市政污水管网，可经二次沉淀后循环使用或用于洒水扬尘。

(2) 现场存放的油料和化学溶剂等物品应设有专门的库房。地面应做防渗漏处理。废弃的油料和化学溶剂应集中处理，不得随意倾倒。

(3) 食堂应设隔油池，并应及时清理。

(4) 施工现场设置的临时厕所化粪池应做抗渗处理。

(5) 食堂、盥洗室、淋浴间的下水管线应设置过滤网，并应与市政污水管线连接，保证排水畅通。

4. 噪声污染控制

(1) 施工现场应根据国家标准《建筑施工场界噪音测量方法》GB/T 12524 和《建筑施工场地噪声限值》GB 12523 的要求制定降噪措施，并对施工现场场界噪声进行检测和记录，噪声不得超过国家标准。

(2) 施工场地的降噪声设备宜设置在远离居民区的一侧，可采取对降噪声设备进行封闭等降低噪声措施。

(3) 运输材料的车辆进入施工现场，严禁鸣笛。装卸材料应做到轻放。

5. 光污染控制

(1) 施工单位应合理安排作业时间，尽量避免夜间施工。必须夜间施工时，应合理调整灯光照射方向，在保证现场施工作业面有足够光照的条件下，减少对周围居民生活的干扰。

(2) 在高处进行电焊作业时应采取遮挡措施，避免电弧光外泄。

6. 施工固体废弃物控制

(1) 施工中应减少施工固体废弃物的产生。工程结束后，对施工中产生的固体废弃物必须全部清除。

(2) 建筑垃圾是主要的固体废弃物，其主要物质是：土、渣土、散落的砂浆和混凝土、剔凿产生的砖石和混凝土碎块、打桩截下的钢筋混凝土桩头、金属、竹木材、装饰装修产生的废料、各种包装材料和其他废弃物等。鼓励施工单位将施工、拆除和场地清理产生的废弃物进行分类处理，将其中可直接再生的材料进行分类回收，再利用。

7. 环境影响控制

(1) 工程开工前，建设单位应组织对施工场地所在地区的土壤环境现状进行调查，制定科学的保护或恢复措施，防止施工过程中造成土壤侵蚀、退化，减少施工活动对土壤环境的破坏和污染。

(2) 建设项目涉及古树名木保护的，工程开工前，应由建设单位提供政府部门批准的文件，未经批准不得施工。

(3) 建设项目施工涉及古树名木确需迁移的，应按照古树名木移植的有关规定办理移植许可证后再组织施工。

(4) 对场地内无法移栽，必须原地保留古树名木应划定保护的区域，严格履行园林部门批准的保护方案，采取有效保护措施。

(5) 施工单位在施工中一旦发现文物，应立即停止施工，保护现场并通报文物管理部门。

(6) 建设项目场地因特殊情况不能避开地下文物，应积极履行经文物行政主管部门审核批准的原址保护方案，确保其不受施工活动损害。

(7) 对于因施工而破坏的植被，造成的裸土，必须及时采取有效措施，以避免土壤侵蚀、流失。如采取覆盖砂石，种植速生草种等措施。施工结束后，被破坏的原有植被场地必须恢复或进行合理绿化。

(三) 职业健康与安全

1. 场地布置及临时设施建设

(1) 施工现场办公区、生活区应与施工区分开设置，并保持安全距离。办公、生活区的选址应符合安全要求。

(2) 施工现场应设置办公室、宿舍、食堂、厕所、淋浴间、开水房、文体活动室（或农民工夜校）、吸烟室、密闭式垃圾站（或容器）及盥洗设施等。

(3) 施工现场临时搭建的建筑物应符合安全使用要求，现场使用的装配式活动房屋应当选用非燃材料且具有产品合格证书。建设工程竣工一个月内，临建设施应全部拆除。

(4) 严禁在尚未竣工的建筑物设置员工集体宿舍。

2. 作业条件及环境安全

(1) 施工现场必须采用封闭式硬质围挡，高度不得低于1.8m，距路口20m范围内施工围挡高度应降为0.8～1m，其上部须采用通透式围挡，以保证转弯驾驶车辆无盲区。施工现场禁止使用锈蚀、残破、损毁的材料做围挡，不得在围挡上乱涂、乱画、乱张贴，禁止利用施工工地围挡设置户外广告。围挡应高度一致，色彩和谐美观。

(2) 施工现场应设置标志牌和企业标识，按规定应有现场平面布置图，安全生产、消防保卫、环境保护、文明施工制度板，公示突发事件应急处置流程图。

(3) 施工单位应采取保护措施，确保与建设工程毗邻的建筑物、构筑物安全和地下管线安全。

(4) 高大脚手架、塔式起重机等大型机械设备应与架空输电导线保持安全距离。

(5) 施工期间应对建筑工程周边临街人行道路、车辆出入口采取安全防护措施，夜间应设置照明指示装置。

(6) 施工现场出入口、起重机械、临时用电设施、脚手架、出入通道口、楼梯口、电梯井口、空洞口、桥梁口，隧道口、基坑边沿、爆破物及有害危险气体和液体存放处等危险部位，应设置明显的安全警示标志。安全警示标志应符合国家标准。

(7) 在不同的施工阶段及施工季节、气候和周边环境发生变化时，施工现场应采取相应的安全技术措施，达到文明施工条件。

3. 职业健康

(1) 施工现场应在易产生职业病危害的作业岗位和设备、场所设置警示标识或警示说明。

（2）定期对从事有毒有害作业人员进行职业健康培训和体检，指导操作人员正确使用职业病防护设备和个人劳动保护用品。

（3）施工单位应为施工人员配备安全帽、安全带及与所从事工种相匹配的安全鞋、工作服等个人劳动保护用品。

（4）施工单位应采用低噪声设备，推广使用自动化、密闭化施工工艺，降低机械噪声。作业时，操作人员应戴耳塞进行听力保护。

（5）深井、地下隧道、管道施工、地下室防腐、防水作业等不能保证良好自然通风的作业区，应配备强制通风设施。操作人员在有害气体作业场所戴防毒面具或防护口罩。

（6）在粉尘作业场所，应采取喷淋等设施降低粉尘浓度，操作人员应佩戴防尘口罩。焊接作业时，操作人员应佩戴防护面罩、护目镜及手套等个人防护用品。

（7）高温作业时，施工现场应配备防暑降温用品，合理安排作息时间。

4. 卫生防疫

（1）施工现场员工膳食、饮水、休息场所应符合卫生标准。

（2）宿舍、食堂、浴室、厕所应有通风、照明设施，日常维护应有专人负责。

（3）食堂应有相关部门发放的有效卫生许可证，各类器具规范清洁。炊事员应持有效健康证。

（4）厕所、卫生设施、排水沟及阴暗潮湿地带应定期消毒。

（5）生活区应设置密闭式容器，垃圾分类存放，定期灭蝇，及时清运。

（6）施工现场应设立医务室，配备保健药箱、常用药品及绷带、止血带、颈托、担架等急救器材。

（7）施工人员发生传染病、食物中毒、急性职业中毒时，应及时向发生地的卫生防疫部门和建设主管部门报告，并按照卫生防疫部门的有关规定进行处置。

第四章　案　例　分　析

第一节　高大模板支撑系统专项施工方案的监理分析与审批案例

一、高大模板支撑系统的定义

本案例分析中所称的高大模板支撑系统是指建设工程施工现场混凝土构件模板支撑高度超过 8m，或搭设跨度超过 18m，或施工总荷载大于 15kN/㎡，或集中线荷载大于 20kN/m 的模板支撑系统。

二、高大模板支撑系统专项施工方案

（一）编制依据

（1）工程合同；

（2）施工组织设计；

（3）工程图纸相关图集、规范及其他。

（二）工程概况

本工程主体结构第三部分铸件车间（轴线 2-5～2-10/2-A～2-H 之间）的屋面顶标高最高处 12.335m，距 100mm 厚混凝土垫层表面（标高－0.300）处 12.635m，屋面楼板厚度 120mm，梁板底模支设高度 12.515m。梁板位置及尺寸概况见图 4-1。

（三）施工部署

1. 模板选型

铸造车间梁板部位的模板选型同其他部位梁板选型：18mm 厚双面覆膜胶合板模板＋50×100 木枋背楞＋Φ 48×3.0 钢管支撑体系。

2. 工艺安排

施工工艺流程：摆放纵向扫地杆→逐根竖立立杆，随即与横向扫地杆扣紧→安第一步纵向大横杆并与各立杆扣紧→安第一步横向大横杆并与立杆扣紧→安装上部的纵横向大横杆→搭设纵、横向剪刀撑→立可调顶托→搭横向支撑模板→铺梁板底模→绑扎梁钢筋→封梁边模。

（四）模板施工

1. 梁模板施工

（1）梁高≥1000mm 的主次梁

梁高≥1000mm 的主次梁模板支设参数：面板为 18mm 厚双面覆膜胶合板，梁底背楞采用 50×100mm 木枋，间距≤250mm，梁底小、大横杆采用 ϕ48×3.0 钢管，大小横杆间距皆为 400mm，梁下横向搭设 3 根立杆，立杆间距同大横杆间距，纵向立杆间距

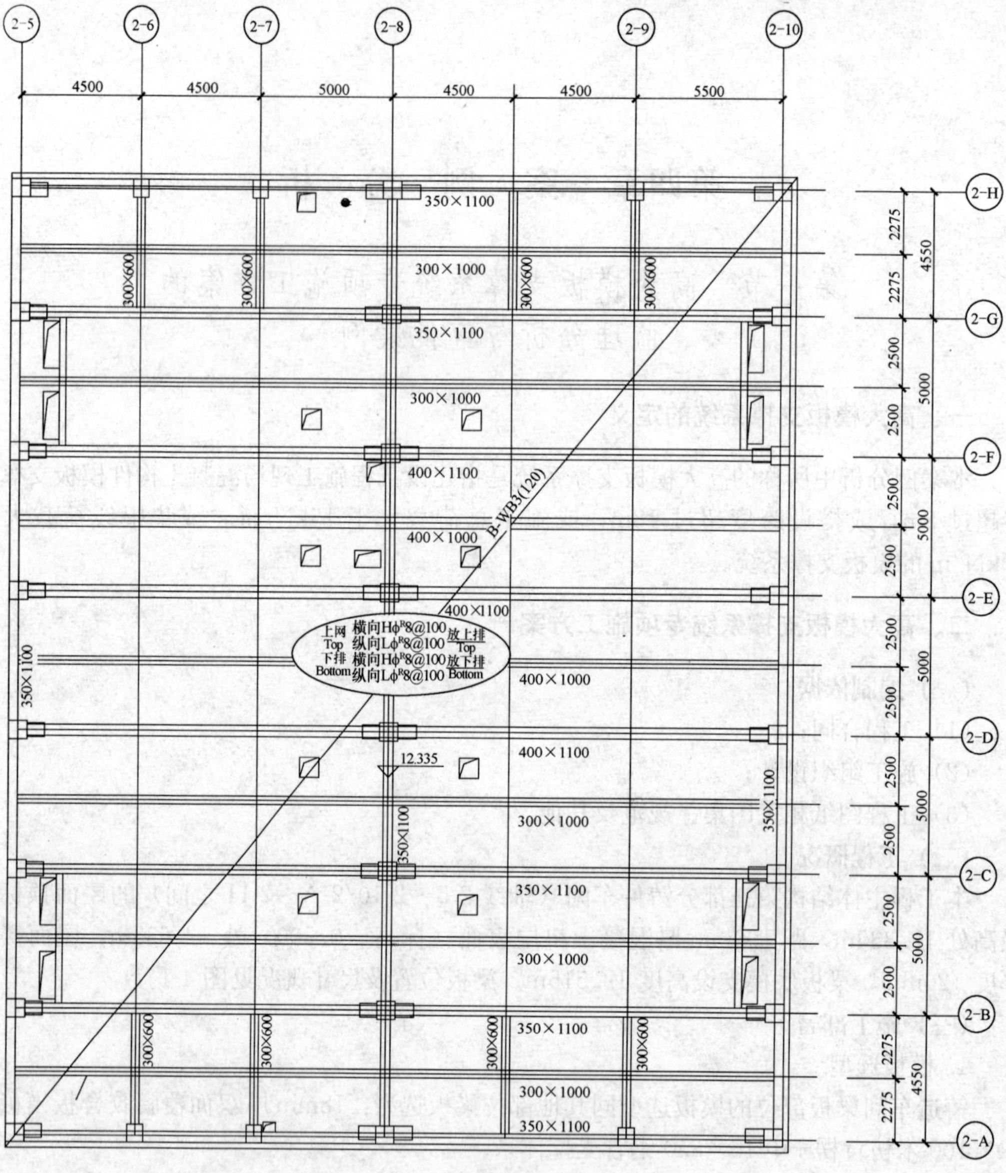

图 4-1　高支模处梁板概况图

800mm，钢管步距 1500mm，第一排扫地杆距地 200mm。梁侧模次龙骨采用 50×100mm 木枋，间距 300mm，主龙骨采用Φ 48×3.0 双钢管，钢管水平间距 600mm，侧模设 2 道对拉螺杆，对拉螺杆直径为 20mm，最下一排对拉螺杆距梁底为 250mm，第二排距第一排 450mm，对拉螺杆水平间距同双钢管。梁底横杆与立杆连接处采用双扣件。梁模板支架计算书详见附件 1，梁侧模计算书详见附件 2，梁模板搭设示意如图 4-2 所示。

（2）其他截面尺寸的次梁

铸造车间屋面梁除了梁高≥1000mm 的主次梁外，还有部分 300mm×600mm 尺寸的次梁，此部分梁模板支设参数：面板为 18mm 厚双面覆膜胶合板，梁底背楞采用 50mm×100mm 木枋，梁底小、大横杆采用Φ 48×3.0 钢管，小横杆间距 500mm，大横杆间距

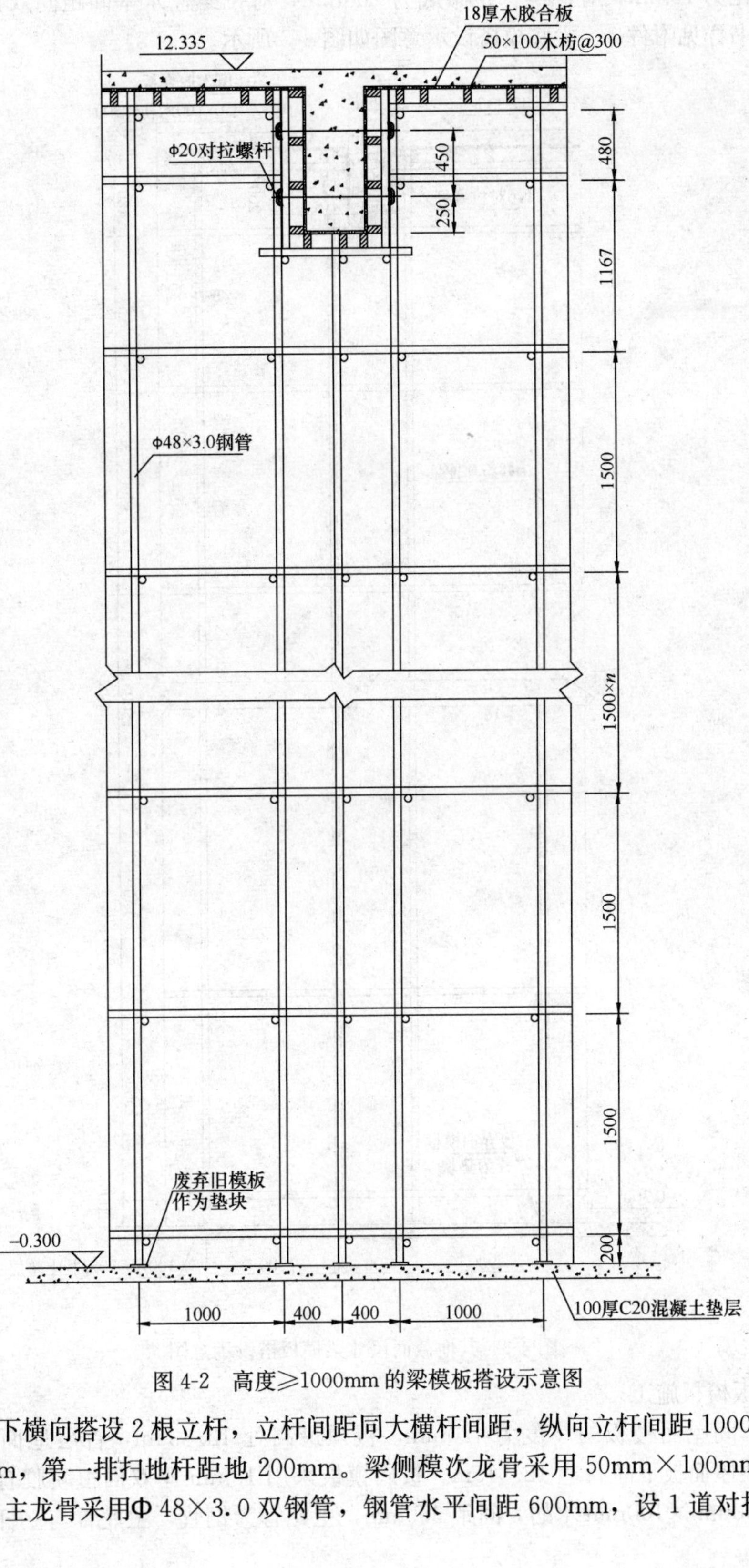

图 4-2 高度≥1000mm 的梁模板搭设示意图

600mm，梁下横向搭设 2 根立杆，立杆间距同大横杆间距，纵向立杆间距 1000mm，钢管步距 1500mm，第一排扫地杆距地 200mm。梁侧模次龙骨采用 50mm×100mm 木枋，间距 300mm，主龙骨采用Φ 48×3.0 双钢管，钢管水平间距 600mm，设 1 道对拉螺杆，对拉螺杆直径为 16mm，对拉螺杆距梁底为 200mm，对拉螺栓水平间距同双钢管。梁模板支架计算书详见附件 3。梁底模搭设示意图如图 4-3 所示。

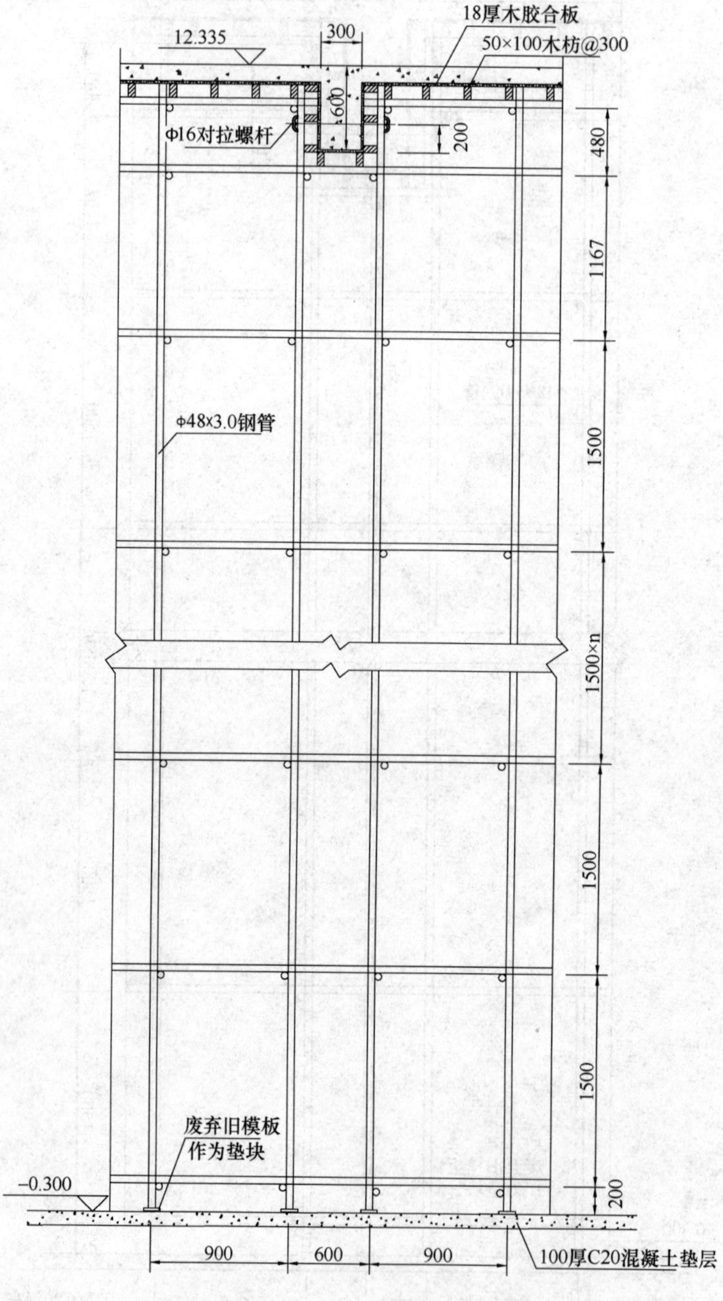

图 4-3　其他截面尺寸梁模板搭设示意图

2. 楼板模板施工

铸造车间屋面楼板的厚度为 120mm，板顶最高处 12.335m，首层地面垫层处标高 −0.300，故屋面板下净高达 12.515m。板底模板采用 18mm 厚双面覆膜胶合板，板底次龙骨采用 50mm×100mm 木枋，间距 300mm，主龙骨为钢管，主龙骨与立杆之间采用双扣件，模板下支撑采用满堂钢管脚手架，立杆纵横间距 900mm，水平步距 1500mm。楼板模板支架计算书详见附件 4。板底模板搭设示意如图 4-4 所示。

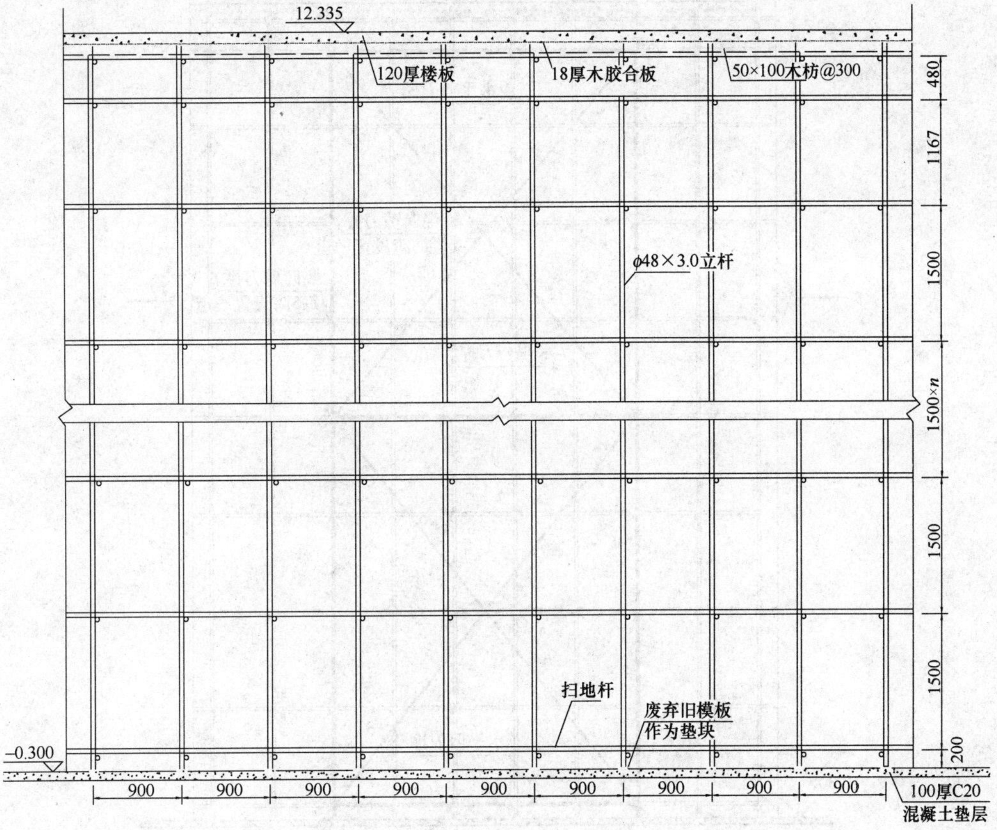

图 4-4　楼板模板搭设示意图

3. 支架加固

（1）与柱拉结

在有框架柱的部位，钢管架体的每道水平杆皆与柱拉结。

（2）设置剪刀撑

为保证支架的整体稳定性，架体在水平向、竖向皆设置剪刀撑。剪刀撑设置原则为：纵横每隔 5 跨设置一个由立杆、横杆、水平剪刀撑、竖向剪刀撑搭设形成的稳固支架，稳固支架的构成如图 4-5 所示。

剪刀撑搭设时保证斜杆与地面的倾斜角度在 45°～60°之间。剪刀撑、横向斜撑搭设应随立杆、纵向和横向水平杆等同步搭设。

4. 其他要求

（1）在楼板外部临边设置防护栏杆，防护栏杆高度 1.8m，挂密目网密封。

（2）在操作面以下 4m 处设置一道安全网，避免发生高空坠落的危险。

（3）脚手架各杆件相交处伸出的端头，均应大于 100mm，以防止构件滑脱。

（4）在施工中，架体上严禁出现材料集中堆载。

（5）立杆底部需垫废旧模板。

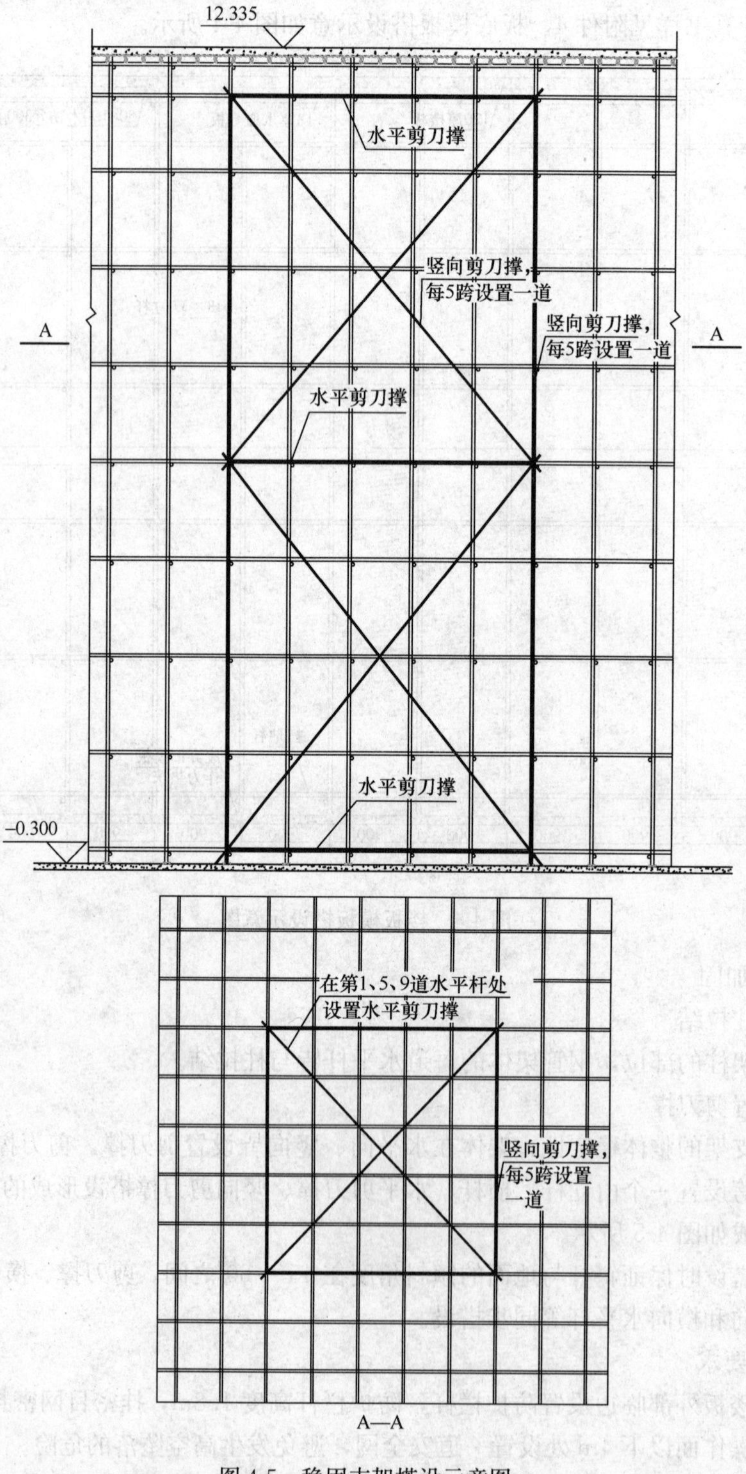

图 4-5　稳固支架搭设示意图

（6）所有扣件、钢管进场必须检查，并按规定要求送样检测，不符合规格和质量要求的不得使用。

（五）模板拆除

（1）模板拆除应根据现场同条件的试块指导强度，符合设计要求的百分率，由技术人员发放拆模通知书后，方可拆模。

（2）模板及其支架在拆除时混凝土强度要达到如下要求：在拆除侧模时，混凝土强度要达到1.2MPa，保证其表面及棱角不因拆除模板而受损后方可拆除。跨度在3m≤D≤8m之间，底模在混凝土强度达到设计强度的75%才能拆除。跨度D≤8m，底模在混凝土强度达到设计强度的100%才能拆除。悬臂结构要在混凝土强度达到设计强度的100%拆除（以上依据拆模试块强度而定）。

（3）拆除模板的顺序与安装模板顺序相反，先支的模板后拆，后支的先拆。拆模时先松开和拆除对拉螺栓，然后收缩斜支撑，使墙模同混凝土脱开。当局部有混凝土吸附或粘结模板时，可在模板下口用撬棍松动，禁止敲击模板。

（4）拆除后的模板应及时进行板面清理，涂刷隔离剂，丝杠、穿墙螺栓、螺母、斜撑等应进行清理、加油保养。

（六）施工质量管理

1. 质量管理基本要求

为保证支模架施工质量，控制安全风险。由安全员、技术员、监理、业主方（管理公司）负责组织验收，验收合格后，方可下一道工序施工。

脚手架搭设时，应先搭设一个区域，进行区域验收后，才能大面积搭设。

2. 脚手架的施工验收要求

（1）验收人员：施工完由项目生产负责人、技术和安全、施工人员、监理、业主方（管理公司）进行验收，确认合格后方可投入使用。

（2）检查验收必须严肃认真进行，要对检查情况、整改结果填写记录内容，并签字齐全。

（3）重点验收项目

1）扣件验收：安装后的扣件应按随机均布原则进行抽样检查。检查扣件主要看其连接是否紧固，不合格时，必须整体重新拧紧或更换扣件，并经复验合格方可验收。扣件拧紧质量、抽样数目及判定标准，见表4-1。

扣件拧紧质量、抽样数目及判定标准　　表4-1

项次	检查验收项目	安装扣件数量（个）	抽检数量（n）	合格判定数（A_c）
1	连接立杆与横向或斜撑的扣件；接长立杆、纵向水平杆或斜撑的扣件	51～90	5	0
		91～150	8	1
		151～280	13	1
		281～500	20	2
		501～1200	32	3
		1201～3200	50	5
2	连接横向水平杆与纵向水平杆的扣件	51～90	5	1
		91～150	8	2
		151～280	13	3
		281～500	20	5
		501～1200	32	7
		1201～3200	50	10

注：表中的合格判定数系指允许不合格数。

2）杆件设置是否齐全，连接件、挂扣件、承力件和建筑物的固定件是否牢固可靠。

3）安全设施（安全网、护栏、挡脚板等）、脚手板导向和防坠装置是否齐全和安全可靠。

4）基础是否平整坚实，支垫是否符合要求。

5）垂直度及水平度是否合格，其偏差应符合以下要求：

① 立杆垂直偏差：因本脚手架搭设高度小于 40m，要求纵向偏差不大于 $H/400$，且不大于 100mm；横向偏差不大于 $H/600$，且不大于 50mm。

②纵向水平杆水平偏差不大于总长度的 1/300，且不大于 20mm，同跨内外高度差不得大于 10mm；横向水平杆水平偏差不大于 10mm，外伸尺寸的误差不应大于 50mm。

③ 脚手架的步距、立杆横距偏差不大于 20mm；立杆纵距偏差不大于 50mm。

④中心节点处各扣件距中心节点的偏差不得大于 150mm，相邻立杆对接扣件高差小于 50mm；大横杆、立杆对接扣件位置距中心节点不大于相邻杆件跨距的 1/3。

3. 脚手架维护与保养

（1）检查脚手架是否变形或沉陷。若有异常，应随时上报及时处理。

（2）检查脚手架整体和局部尤其是截面大于 1000mm 梁下立杆的垂直度，若有异常，应及时加固和消除隐患。

（3）检查扣件时，先看其外观，视情况对其进行涂油和紧固。

（4）检查脚手板是否松动、悬挑，如有问题，及时修正。

（5）检查连接件是否齐全、松动、位移等，因施工需要移动，必须在专人负责下在相邻位置补足。

（6）检查脚手架的荷载情况。支模架上不准堆放大量材料、过重的设备，以免超过设计荷载，如发现有处于不安全位置和不稳定状态的，应及时纠正。

（七）安全施工管理

1. 安全施工主要注意事项

（1）支设 4m 以上的立柱模板和梁板模板时，应搭设工作台，不准站在柱模板上操作和在梁底模上行走，更不允许利用拉杆、支撑攀登上下。

（2）搭设施工时应配备有资质的架子工，搭设过程中应严格控制探头板现象。

（3）搭拆脚手架、模板时，应按《建筑施工高处作业安全技术规范》JGJ 80 的有关规定进行，且地面应设围栏和警戒标志，并派专人看守，严禁非操作人员入内。

（4）拆脚手架、模板前，应由工程项目技术负责人向工长、安全员、施工操作队组全体人员作详细的安全技术交底。

（5）架子工持证上岗，搭设施工时避免上下同时作业。钢管横杆、立杆的接头应错开。紧固时注意握紧工具、扣件避免其坠落伤人。外架上所有脚手板、挡脚板、安全网必须搭设牢固、封闭严密，以防发生高空坠落、施工落物和水泥、建筑垃圾等粉尘飞扬等现象。

（6）搭拆脚手架过程中，操作人员应系好安全带戴好安全帽，一切操作过程都应符合相关安全操作规范、规程和标准。

（7）拆模采用长撬杆，严禁操作人员站在正拆除的模板下。拆模间歇时，将活动的模板、拉杆、支撑固定。

(8) 对职工进场进行安全技术教育，发现施工中的安全、技术问题应及时解决。

(9) 现场安全员有权制止违章指挥和违章作业，遇有险情应立即停止施工作业，并报告工程项目领导及时处理。

(10) 模板拆除时，不应对楼层形成冲击荷载。拆除的模板和支架应分散堆放并及时运走，防止人员踏空坠落。

2. 脚手架施工的危险源

脚手架搭、拆、使用时的高空坠落；脚手架搭、拆、使用时的物体打击；脚手架的坍（垮）塌。

3. 针对高空坠落的管理要求

(1) 参与搭拆作业的人员，须持证上岗，安全帽、安全带、防滑鞋等要穿戴齐全，严禁酒后作业。作业面上宜铺设必要数量的脚手板并予临时固定。

(2) 工人在架上作业时，应注意自我安全保护和他人的安全，避免发生碰撞、闪失和落物。严禁在架上嬉闹和坐在栏杆上等不安全处休息。

(3) 人员上下脚手架必须走有安全防护的出入通（梯）道，严禁攀援脚手架上下。

(4) 六级及六级以上大风和雨天应停止脚手架作业。雨天之后上架作业时，应把架面的积水清除掉，仔细检查确认安全后，方可上人操作。

4. 针对物体打击的管理要求

(1) 搭拆过程中，不得单人进行装设较重杆配件和其他易发生失衡、脱手、碰撞、滑跌等不安全的作业。

(2) 拆除工作中，严禁使用榔头等硬物击打、撬挖，拆下的扣件应放入袋内，传递至地面并放指定地点堆存。

(3) 拆下的钢管与配件，应及时传送至楼层内，防止碰撞，严禁抛掷。

(4) 在整个拆除作业过程中，项目安全员应切实做好现场巡查工作。在主要通道处设置警戒区，安排警戒员一名巡视，确保拆除作业顺利进行。

5. 针对坍（垮）塌的管理要求

(1) 脚手架应严格按方案搭设，在搭设中不得随意改变构架设计、减少杆配件设置和对立杆纵距做尺寸放大。确有实际情况，需要对构架作调整和改变时，应提交技术主管人员解决。

(2) 本架只允许作为结构施工支模架，不允许堆载，不得随意超负荷使用。

(3) 本架作为支撑架，立杆垂直度须严格控制，一般须吊线复核，必要时用经纬仪复核垂直度。

(4) 在作业中，禁止随意拆除脚手架的基本构架杆件、整体性杆件、连接紧固件、安全网等。

(5) 施工前因操作要求需要拆除部分架体时，必须经项目总工同意，并由施工工长旁站指挥，防止误拆杆件。

(八) 应急预案

应急预案工作流程，如图 4-6 所示。

(九) 附件

附件 1：400mm×1100mm 梁模板扣件钢管高支撑架计算书（略）

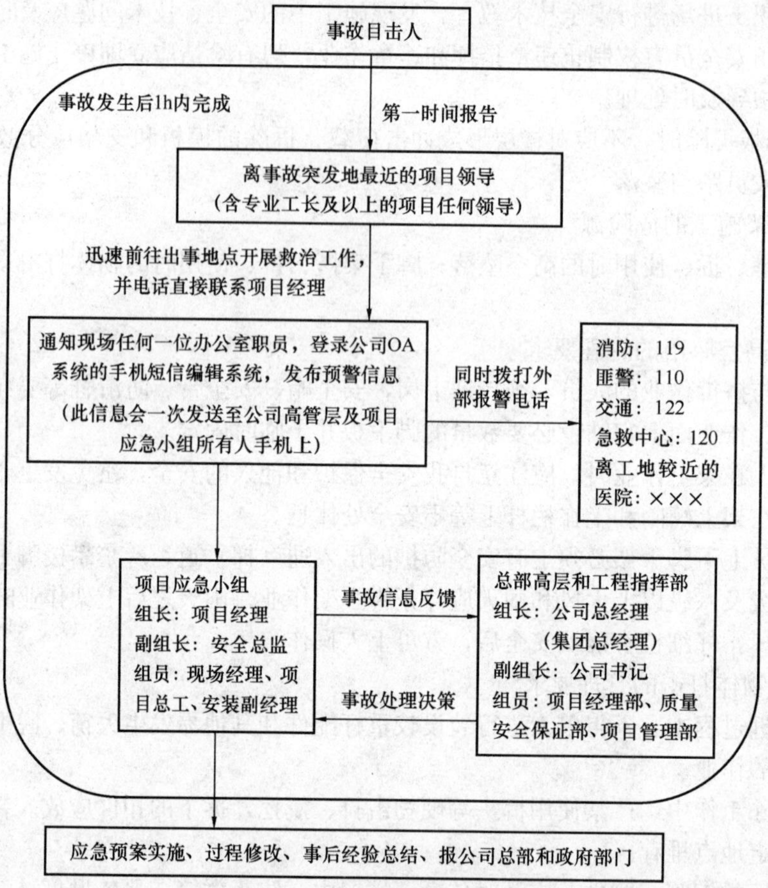
事故目击人
事故发生后1h内完成
第一时间报告
离事故突发地最近的项目领导
（含专业工长及以上的项目任何领导）
迅速前往出事地点开展救治工作，
并电话直接联系项目经理
通知现场任何一位办公室职员，登录公司OA
系统的手机短信编辑系统，发布预警信息
（此信息会一次发送至公司高管层及项目
应急小组所有人手机上）
同时拨打外
部报警电话
消防：119
匪警：110
交通：122
急救中心：120
离工地较近的
医院：×××
项目应急小组
组长：项目经理
副组长：安全总监
组员：现场经理、项
目总工、安装副经理
事故信息反馈
事故处理决策
总部高层和工程指挥部
组长：公司总经理
（集团总经理）
副组长：公司书记
组员：项目经理部、质量
安全保证部、项目管理部
应急预案实施、过程修改、事后经验总结、报公司总部和政府部门

图 4-6 应急预案工作流程图

附件 2：400mm×1100mm 梁侧模板与支撑计算书（略）

附件 3：300mm×600mm 梁模板扣件钢管高支撑架计算书（略）

附件 4：120mm 厚楼板模板扣件钢管高支撑架计算书（略）

注：本专项施工方案由中建一局上海公司提供。

三、高大模板支撑系统专项施工方案的点评

（一）符合性点评

工程概况中已经说明，本项模板工程的高度达到 12m 以上，超过了 8m 高度的规定，符合导则中高大模板支撑系统，故必须编制专项施工方案。

（二）完整性点评

（1）编制依据中应补充并明确采用的规范标准，如：

1）关于印发《建设工程高大模板支撑系统施工安全监督管理导则》的通知（建质［2009］254 号），以下简称导则。

2）住房和城乡建设部《建筑施工扣件式钢管脚手架安全技术规范》（JGJ 130—2011）或《建筑施工门式钢管脚手架安全技术规范》（JGJ 128—2010）。

（2）根据导则规定，本专项施工方案尚需补充：

1）施工计划：施工进度计划、材料与设备计划等。

2）劳动力计划：包括专职安全生产管理人员、特种作业人员的配置等。

3）施工安全保证措施：模板支撑系统在搭设、钢筋安装、混凝土浇捣过程中及混凝土终凝前后模板支撑体系位移的监测监控措施等。

4）应说明地基的状况及高大模板支撑系统的基础处理情况。

（三）准确性点评

本项专项施工方案中的相关设计计算是准确的；主要搭设方法、工艺要求、材料的力学性能指标、构造设置以及检查、验收要求等符合导则的规定，也满足《建筑施工扣件式钢管脚手架安全技术规范》（JGJ 130—2011）等。

四、高大模板支撑系统专项施工方案的监理审查审批

高大模板支撑系统施工方案编制和审批总体工作流程如图 4-7 所示。

监理机构对“高大模板支撑系统施工方案”进行审查审批时，一般先进行程序性审查，程序上满足规定的，再进行符合性审查，最后进行针对性审查。

（一）程序性审查

由专业监理工程师对承包商编制递交的“高大模板支撑系统施工方案”，按照图 4-7 所示的审批流程，进行程序性审查，特别要关注的是“施工企业技术负责任人审批签字同意”环节。这里需要注意的是，施工企业技术负责人仅仅签名是不够的，必须注明对该“高大模板支撑系统施工方案”审批的结论性意见是否“同意”。因此，在承包商提供的审批意见中，如果仅仅是技术负责人签名或技术负责人签名栏由其他人签名（除有法定委托

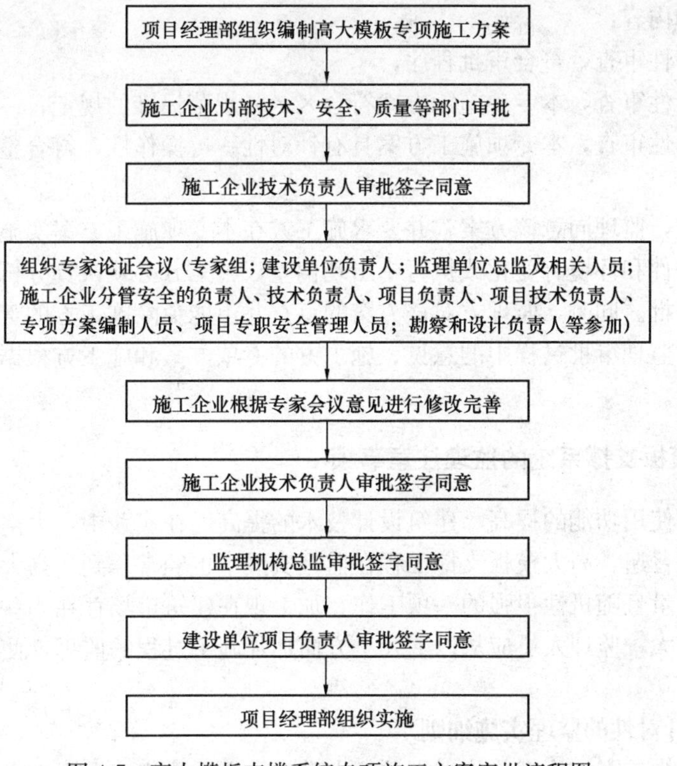

图 4-7　高大模板支撑系统专项施工方案审批流程图

授权书外)，监理机构可以将该方案予以退回承包人。

(二) 符合性审查

监理对专项施工方案的符合性审查，主要是审查其是否符合现行的相关规范、规定中的强制性条文和规定。对于高大模板支撑系统专项施工方案，涉及的主要规范和规定除了《建设工程高大模板支撑系统施工安全监督管理导则》的通知（建质［2009］254号）外，还涉及《建筑施工扣件式钢管脚手架安全技术规范》JGJ 130—2011或《建筑施工门式钢管脚手架安全技术规范》JGJ 128—2010规范，以及其他相关标准等。

(三) 针对性审查

监理对专项施工方案的针对性审查，主要是针对本项目的具体情况，包括工程本体、周边环境和场地条件、工程整体施工组织设计、工程总体进度计划、施工机械设备、施工方质量安全保证体系等，进行针对性审查。

另一个现象需要引起特别注意的是，如果施工方提交的专项施工方案是参照其他类似工程拷贝来的，仅仅将工程名称与工程概况作了替换，而实质性的关于本项目的具体内容和条件与实际不相符合的，作为监理方一定要认真研读，以书面的形式指出其不相符合之处，要求其重新修改和补充。该书面意见应作为监理方审批的附件，并与审批表装订在一起归档。施工方根据监理方的意见进行修改补充后，监理方仍应认真对照审查其修改稿，满足要求后出具正式的审批意见。

(四) 专项施工方案的监理审批意见

对于专项施工方案，监理方经过程序性、符合性、针对性审查后，施工方也响应监理方在审查过程中的意见，并予以修改完善后，专项施工方案的监理审批意见，一般可以有以下几个方面的内容：

(1) 经程序性审查，符合审批程序；

(2) 经符合性审查，本专项施工方案符合×××规范标准的规定；

(3) 经针对性审查，本专项施工方案具有针对性、可操作性，符合整体工程施工组织设计；

(4) 经审查，监理同意该方案，并要求施工方在本专项施工方案实施中，必须严格执行。一旦实施条件和环境有变化或执行中出现偏差，施工方必须认真分析、调整方案，并重新进行申报审批。同时，监理方对该方案的审查并不能免除施工方的责任；

(5) 附件：监理审批过程中的意见、施工方的专项方案和施工方根据监理意见所作的修改和补充方案。

五、高大模板支撑系统的监理注意事项

随着建筑物使用功能的提高、建筑设计技术的提高，在实践中，大空间、大跨度结构的应用也越来越普遍，高大模板支撑工程在监理实践中也经常遇到。高大模板支撑工程是具有一定技术含量且随机性很强的一项工作，加上现在建筑市场存在一些不规范行为，其工作难度相对较大，监理人员应从以下几个方面加强施工过程的监理，使工程的安全始终处于受控状态。

(一) 编制针对性的监理实施细则

现场监理机构在审查施工单位提交的高大模板支撑系统施工专项方案的同时，要研究

并编制具有针对性的“监理实施细则”。相关监理人员应该在总监的组织下，进行内部学习，切实掌握本项目高大模板支撑系统施工专项方案的特点，做到针对性监理。切不可凭以往的“经验”，想当然地在现场“摆样子”。甚至现场监理人员对高大模板支撑系统几乎不了解，却承担了监理的责任。因此，现场监理机构的总监理工程师应注重组织学习、组织现场针对性培训。

(二) 参加施工方的质量安全作业技术交底

施工单位发现专项方案中存在问题时不得随意更改，必须按原程序申报、审核、批准。经批准评审通过的专项方案是施工和监理的依据。

监理工程师参加专项技术交底，并提出施工单位重点控制内容：

1. 基础处理要求

要重视高大模板支撑工程的基础处理要求，不得在未经处理的不符合要求的地基上搭设高大模板支撑工程。

2. 搭设材料要求

施工单位搭设用的钢管、扣件等材料、各杆件搭接及螺栓拧紧度必须符合《建筑施工扣件式钢管脚手架安全技术规范》(JCJ 130—2011) 规定。

3. 作业人员要求

凡进场搭设的施工人员必须持有登高架设作业人员证书。

4. 严格执行经批准的方案要求

高大模板支撑工程专项方案附图作为搭设施工的依据，要求专业施工组长熟悉并贯彻到每位操作人员，严格按照图纸组织搭设。以及其他针对具体工程要求的控制内容。

(三) 设置控制点

为保证施工过程质量、安全始终处于受控状态，项目监理机构根据高大模板支撑的结构特点，协助施工单位设置以下常规的质量控制点：

(1) 地基处理工序验收。

(2) 扫地杆与拉结点的设置。

(3) 立杆的搭接方式。

(4) 纵、横向及水平剪刀撑的设置。

(5) 扣件拧紧度。

(6) 钢管扣件与组合钢架及框架柱的连接。

在此基础上实施质量预控。施工单位按照质量控制点的要求，每道工序完成后，经自检，公司质量安全科复检合格后报监理机构进行验收，未经监理验收不得进行下道工序。

(四) 加强巡视检查与平行检验

在施工过程中项目监理机构安排专职监理人员，定期或不定期地对施工过程进行巡视检查。主要检查：

(1) 施工单位专职安全人员是否到位。高大模板支撑工程在搭设过程中，施工单位的专职安全人员应在场履职。

(2) 脚手架搭设人员是否持证上岗。脚手架搭设人员必须持有相应的“特种作业人员”考核合格证。必要时，可以在现场再次核对相关“上岗证”。发现无证或人证不符的，立即予以纠正，并做好记录。

(3) 支撑搭设工艺是否符合规范及经批准的专项方案要求。一旦发现有不符合专项方案的，立即当场指出，要求纠正，并做好记录。

(4) 施工过程是否有违章作业。监理人员发现有违章作业及违规行为给予及时制止。对于不能及时整改的由总监理工程师下发监理通知，要求施工单位整改。对拒不整改的，征得业主同意后，由总监理工程师下发停工令，及时召开专题会议解决有关事项。

现场专业监理工程师无论发现上述一种或多种现象，均需要报告总监理工程师（或总监代表）。必要时，开具监理整改通知单要求施工单位进行整改，并报告建设单位。严重时，报告政府主管部门。

实际施工过程中，若由于周边的施工环境改变，或其他客观条件发生了变化，该高大模板承重支撑系统的设计必须随之修正。监理机构应正式要求施工单位重新编制施工方案，并按原定审批程序进行重新报审。

（五）高大模板支撑系统的验收

承重支撑搭设完成后，由总监理工程师组织施工单位技术负责人、专职安全员，及建设单位对承重支撑搭设分项工程验收，验收标准按照《建设工程高大模板支撑系统施工安全监督管理导则》的通知（建质［2009］254号）以及其他现行的相关规范。

在验收中，监理机构需要着重检查的是：

(1) 对验收资料全面核查。

(2) 现场检查立杆间距，立杆垂直度，扣件拧紧度，扫地杆设置，钢门架及钢管拉结点设置，立杆搭设方式，纵、横向水平杆设置，剪刀撑纵、横向及水平加强层设置等全面检查。

验收符合要求后签署分项验收表。

（六）浇捣混凝土过程监理

在混凝土浇捣过程中，总监应合理安排监理人员的人数，采用旁站和巡视的方式进行监理。对于重要的工程，总监应亲自带队进行巡视，并督促施工单位安排专职人员随时观察模板支撑有无异常变化，如发现异常应及时汇报并根据应急预案采取相应的措施。

（七）模板支撑拆除监理

承重支撑架拆除前，检查混凝土强度是否达到设计要求。监理工程师巡视、检查拆除人员是否持证上岗、是否按拆除方案要求自上而下逐步拆除。注意安全施工，严禁高空抛掷。监理工程师在巡视过程中，还应注重自身的安全保护。

高大模板支撑系统在大型民用建筑和工业建筑项目中应用广泛。为进一步保证施工过程质量和安全，在高大模板支撑施工过程中，监理工程师要认真贯彻执行规范和有关规定，监督施工单位实施，真正发挥监理的作用，严格把好审查、检查、验收、监督关，保证高大模板支撑系统施工的质量和安全。

第二节　建筑节能工程监理案例

一、某建筑节能工程监理案例

（一）项目节能工程概况与特点

1. 工程概况

本工程为大型公共建筑，包括机场航站楼及其交通中心车库。航站楼地下一层，地上三层，局部四层。主体结构为钢筋混凝土框架结构，周边采用玻璃幕墙围护，采用钢结构屋架、彩钢板屋面。交通中心车库为框架结构，地下2层，上部设置连接两个航站楼的通道。本工程因地处中国南方地区，属夏热冬冷地区。

本工程的建筑节能分部工程包括墙体节能、幕墙节能、屋面节能、地面节能、通风与空调、空调与采暖系统的冷热源与管网、配电与照明、监测与控制等子分部工程。

2. 墙体节能工程特点

本工程墙体节能为外墙外保温、外墙内保温、墙体自保温。

本工程内大型停车库外墙采取外保温节能，外保温采用193聚氨酯彩色防水保温系统，外墙外保温厚度为16mm，现场发泡制作。

停车库内墙采用内保温节能，内保温采用聚氨酯板，保温层外部采用搪瓷钢板装饰。

本工程填充墙砌筑采用加气混凝土砌块砌筑。

3. 门窗节能工程特点

门窗节能性能主要是密封性能和保温性能，航站楼屋面天窗玻璃采用中空和夹胶玻璃，型材采用节能型材。

航站楼四周采用玻璃幕墙围护，幕墙分为单元式和框架式两种，幕墙玻璃为中空LOW-E(8＋12A＋8)＋夹胶玻璃(8＋0.76PVB＋8)，以达到节能目的。

4. 屋面节能工程特点

本工程为钢结构屋架，屋面为彩钢板屋面，结构形式为内夹100mm厚玻纤棉双层彩钢板屋面。屋面彩钢板在现场轧制形成利用玻纤维达到保温作用。

5. 地面节能工程特点

本工程为连接两个航站楼在停车库上部设置了三条通廊道，通廊地面采用节能地面。地面构造为：用38.5mm聚苯颗粒保温砂浆保温层、3.5mm的网格布、抗裂砂浆隔离层、地面面层为3.5mm橡胶地板。

6. 通风与空调、冷热源与管网节能工程特点

本工程总空调面积40万m^2，主楼地下室设4个热交换站，6个大型空调机房；长廊站坪层设6个热交换站，15个大型空调机房；连廊各层共设8个空调机房。空调二次水系统采用冷热分开的四管制系统。冷热源集中来自于二期航站楼附属建筑能源中心，航站楼楼内不设置大型制冷机组和锅炉。从能源中心经室外地下共同沟供来的一次冷冻水和蒸汽通过设置于航站楼内的各个热交换站的众多热交换器进行交换产生空调二次冷、热水，满足空调工程需要。

本工程主要的空调方式：主楼的出发层与到达层、连接廊的安检与边防及候机长廊的候机厅采用定风量全空气系统；大型的餐饮采用定风量全空气系统，小型餐饮采用风机盘管加独立新风系统或变风量全空气系统。商业区域的中央大空间采用定风量全空气系统；贵宾VIP房采用变风量全空气系统或风机盘管加独立新风系统；一般办公房采用风机盘管加独立新风系统；电梯机房、消防安保中心、弱电机房等需24h运行的用房以及部分其他区域采用了独立运行风冷空调机组。空调方式决定了风管的制作与安装及保温工作量大，风管系统风量平衡调整工作量大。通风系统包括：机房、卫生间等采用了机械送排风系统；其他空调区域设有空调季及过渡季排风。

本工程风管保温材料采用带铝箔防潮层的离心玻璃棉板，水管保温材料采用闭孔橡塑发泡保温材料；厚度经材料供应商计算确定。

7. 配电与照明节能工程特点

本工程长廊底层设置7个变配电站（每个站有2台2500kVA变压器）、主楼地下层设置2个变配电站（每个站有2台2500kVA变压器，4台2000kVA变压器），引入每个变配电站电源均由航站楼附属的两个35kV总降压站分别引出一路独立的10kV电源，平时同时供电分列运行，故障时互为备用。除提供市电、发电机组电源外，还提供不间断电源UPS及紧急电源EPS系统，以确保电源的绝对可靠性。变压器低压侧设置静电电容器自动补偿装置，以集中补偿形式使功率内因数提高至0.9以上。

本工程大厅大空间照明配合建筑效果采用大功率金属卤化物灯作间接反射照明。办公、商店等处以节能或荧光灯具为主。其他地方按实际情况配置节能灯、应急灯、疏散指示灯、高显色荧光灯、路灯、庭院灯。灯具选择高品质、节能型高显色荧光灯管并配高功率因数电子镇流器。

8. 监测与控制节能工程特点

本工程监测与控制节能工程包括建筑设备监控系统、电力监控系统两个子系统。

建筑设备监控系统的监控范围包括：1）中央空调系统的空调冷水及热水系统（主要设备为水-水板式热交换器，汽-水板式热交换器）、各类空调机组（包括VAV变风量空调机组）、各类新风机组、各类送排风机、VAV系统变风量末端装置、数字定风量阀、风机盘管等；2）公共区域照明系统。上述系统与组成设备通过节能管理功能软件实现以下节能功能：空调机组、新风机组夜间换气功能；循环启停功能；焓值控制功能；最佳运行功能；零能区/负荷再设定控制功能；自适应加热曲线和最优化功能；电力设备不同时段运行功能；节假日节能运行模式功能。

因本工程供用电量大，设置独立的电力监控系统。监控范围包括10个10kV变电所的各种电力设备。其中低压配电柜的监控内容包括：三相线电压、三相相电压、三相电流、电度、有功功率、无功功率、视在功率、功率因数、谐波检测分析等电力节能指标。

（二）监理工作依据

（1）依法签订的本项目工程建设监理合同及施工总承包合同；

（2）本工程项目的《监理规划》；

（3）工程施工设计图纸、设计交底记录、设计变更修改资料；

（4）已经审核批准的施工组织设计方案；

（5）国家有关的施工及验收规范、规程、标准及文件，见表4-2。

有关的规范、标准及文件 **表4-2**

序号	标准、法规名称	编号
1	建筑工程施工质量验收统一标准	GB 50300—2001
2	建筑节能工程施工质量验收规范	GB 50411—2007
3	建设工程监理规范	GB 50319—2000
4	住宅建筑节能工程施工质量验收规程	DGJ08—113—2005
5	采暖通风和空气调节设计规范	GBJ 50019—2003
6	建筑照明设计标准	GB 50034—2004
7	民用建筑热工设计规范	GB 50176—93
8	建筑给水排水与采暖工程施工质量验收规程	GB 50242—2002
9	通风与空调工程施工质量验收规程	GB 50243—2002

续表

序号	标准、法规名称	编号
10	民用建筑节能设计标准——采暖居住建筑部分	JGJ 26—2010
11	夏热冬暖地区居住建筑节能设计标准	JGJ 75—2003
12	既有采暖居住建筑节能改造技术规程	JGJ 129—2000
13	采暖居住建筑节能检验标准	JGJ 132—2001
14	夏热冬冷地区居住建筑节能设计标准	JGJ 134—2001
15	外墙外保温工程技术规程	JGJ 144—2004
16	建筑外窗保温性能分级及检测方法	GB/T 8484—2002
17	外墙内保温板	JG/T 159—2004
18	膨胀聚苯板薄抹灰外墙外保温系统	JG 149—2003
19	胶粉聚苯颗粒外墙外保温系统	JG 158—2004
20	193 聚氨酯彩色防水保温系统技术规程	DBJ/CT 022—2004
21	建筑锚栓抗拉拔、抗剪性能试验方法	DG/TJ 08—003—2000
22	延时节能照明开关通用技术条件	JG/T 7—1999

(三) 节能工程质量控制监理工作流程

节能工程质量控制监理工作流程，如图 4-8 所示。

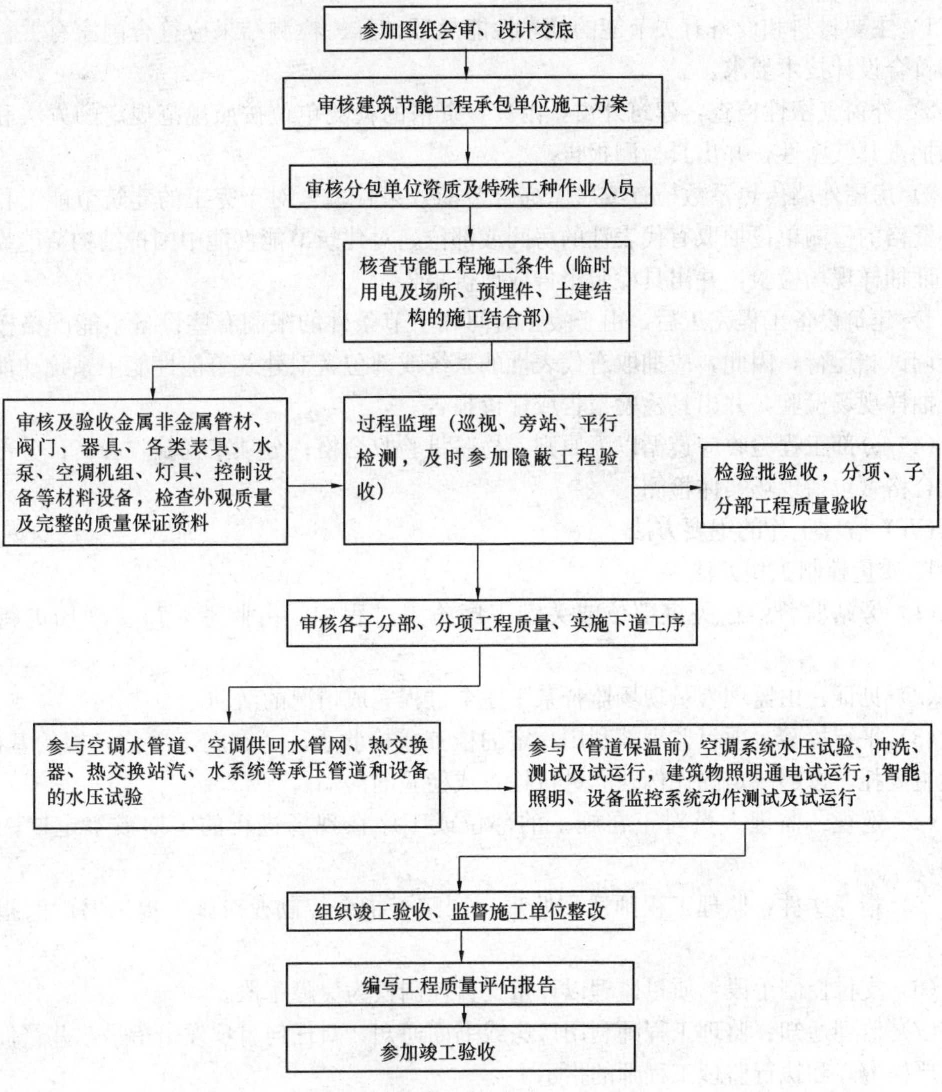

图 4-8 节能工程质量控制监理工作流程

（四）监理质量验收要点

（1）建筑节能分部工程的分项工程和检验批划分，应与《建筑工程施工质量验收统一标准》GB 50300 和各专业工程施工质量验收规范规定一致。上述规范未明确时可根据实际情况，按节能验收规范确定划分。

（2）当建筑节能验收内容包含在相关分部工程时，应按已划分的子分部、分项工程和检验批进行验收，验收时应按《建筑节能工程施工质量验收规范》（GB 50411—2007）对有关节能的项目独立验收，做出节能项目验收记录并单独组卷。

（3）考虑到建筑节能工程的重要性，建筑节能工程分部工程质量验收，除了应在各相关分项工程验收合格的基础上，进行质量控制资料检查及观感质量验收外，增加了对主要材料、设备的有关节能的技术性能，以及有代表性的房间或部位以及系统功能的节能性能进行见证抽样现场检验。在分部工程验收时进行的这种检查，可以更真实地反映该工程的节能性能。具体检查内容有 4 项：

1）主要材料和设备有关节能的技术性能见证抽样、检测结果应符合国家有关标准规定和符合设计技术要求。

2）外窗气密性检查：建筑外窗，由具备资格的检测单位按照规范规定的方法和数量现场抽查其气密性，并出具检测报告。

3）房屋外墙传热系数检查或房屋综合节能效果检验。对于完工的建筑节能工程，由具备资格的检测单位抽取有代表性的房间或部位，对建筑节能性能中围护结构节能性能进行见证抽样现场检验，并出具检验报告或评价报告。

4）建筑设备工程完工后，由于竣工时间和季节条件的限制有些设备不能严格按要求进行调试和运行，因此，应抽取有代表性的系统或部位，对建筑节能性能中系统功能进行见证抽样现场检验，并出具检验报告或评价报告。

（4）分部工程验收应遵循以下原则：检验批验收合格；分项工程验收合格；分部工程验收合格（包括现场实体检测）。

（五）监理工作的主要方法

1. 质量控制工作方法

（1）旁站监督：在关键部位或关键工序施工过程中，由监理人员在现场进行旁站监督。

（2）见证：由监理人员现场监督某工序全过程完成情况的活动。

（3）平行检验：项目监理部利用一定的检查或检验手段，在施工单位自检的基础上，受业主委托，按照一定的比例独立进行检查或检验的活动。

（4）巡视：监理人员对正在施工的部位或工序在现场进行的定期或不定期的监督活动。

（5）指令文件：监理工程师适用监理合同赋予指令控制权对施工提出书面的指示和要求。

（6）支付控制手段：质量监理以计量支付控制权为保障手段。

（7）监理通知：监理工程师利用口头或书面通知，对任何事项发出指示，并督促施工单位严格遵守和执行监理工程师的指示。

1）口头通知：对一般工程质量问题或工程事项，口头通知施工单位整改或执行，必要时用监理工程师通知单形式予以确认。

2）监理工作联系单：有经验的监理工程师提醒施工单位注意的事项，用监理工作联系单形式。

3）监理工程师通知单：监理工程师在巡视、旁站等各种检查时发出的问题，用监理通知单书面通知施工单位，并要求施工单位整改后再报监理工程师复查。

4）工程暂停令：对施工单位违规施工，监理工程师预见到会发生重大隐患，应及时下达全部或局部工程暂停令（一般情况下宜事先与业主沟通）。

2. 质量控制措施

根据施工阶段工程实体质量形成过程的时间阶段划分，施工阶段的质量控制按事前控制、事中控制、事后控制三个阶段实施：

（1）事前控制

1）审查施工单位资质及施工人员素质

承担建筑节能工程的施工企业应具有相应的资质和项目管理人员的资格，经监理工程师审查合格后允许其进场。

注：目前国家尚未制定专门的建筑节能工程资质，应按国家现有规定执行。

2）组织设计交底和图纸会审

建筑节能施工图纸必须使用经施工图设计审查符合建筑节能设计标准的施工图纸。施工单位和监理单位人员要充分了解设计意图、标准和要求，对工程难点、不明问题、技术指标等提出要求，形成会议纪要，并经与会各方签字、盖章后生效、执行。

3）审查施工组织设计或施工方案

结合工程的实际条件和状况，要求施工单位在节能保温施工开工前报送详细的施工技术质量、安全方案。监理工程师应着重审查：专项节能工程施工方案是否满足节能规范、标准和强制性标准要求，主要技术组织措施是否具有针对性，施工程序是否合理，材料的质量控制措施、施工工艺是否能够先进合理地指导施工；对特殊部位是否明确专项措施、要求和质量验收标准，是否确定节能工程施工中的安全生产措施、环境保护措施和季节性施工措施。施工技术方案应由施工单位技术负责人审批后向监理报审，经专业监理工程师和总监理工程师审查批准后方可施工，监理应按照审批后的施工方案检查、验收。

4）对节能工程所需原材料、半成品、构配件和永久性设备质量控制

①建筑节能工程采用的“四新”即新技术、新设备、新材料、新工艺应按照有关规定进行鉴定或备案，审查施工方对新的或首次采用的施工工艺是否进行评价，并审查所制定的专门施工技术方案；监理工程师对节能“四新”和有关订货厂家等资料进行审核，对产品质量标准应进行双控，即设计、标准及国家有关产品质量标准，严禁使用国家明令禁止和淘汰的产品。

②材料、设备进场时对材料和设备的品种、规格、包装、外观和尺寸等进行检查验收，检查复核产品出厂合格证、中文说明书、有关设备技术参数、资料及相关的出厂性能检验报告，并应按规定抽取试件作物理性能检验，其质量必须符合有关标准的规定，且应经监理工程师确认，形成相应的验收记录。定型产品和成套技术应有型式检验报告，进口材料和设备应按规定进行出入境商品检验。复试报告合格且质保资料齐全方可使用，由专

业监理工程师签署《工程材料/构配件/设备报审表》。

③建筑节能工程使用的材料，尤其应重点检查材料的燃烧性能等级和阻燃处理，必须符合设计要求和国家现行标准《高层民用建筑设计防火规范》GB 50045，《建筑内部装饰设计防火规范》GB 50222，《建筑设计防火规范》GB 50016。

④建筑节能工程使用的材料有害物质限量标准应按照《民用建筑室内环境污染控制规范》GB 50325 要求监控审查。

（2）事中控制

1）监理应要求施工单位严格按照经审查合格的设计文件和经审批的节能施工技术方案的要求施工。

2）建筑节能工程施工前，对于重复采用建筑节能设计的房间和构造做法，应在现场采用相同材料和工艺制作样板间构件，经有关方确认，方可进行施工。

3）建筑节能工程的施工作业环境条件，应满足相关标准和施工工艺的要求。

4）在施工过程中，当施工单位对原有节能施工组织方案进行调整、补充或变更时，应重新进行报审。当变更可能影响节能效果时，设计变更应获得原审查机构的审查同意，并应获得监理或建设单位的确认。

5）节能工程隐蔽验收做到随施工进程及时验收，并应有详细的文字和图片、照片资料。

（3）事后控制

对节能工程检查、测试、外观检查，节能验收资料列入建筑工程验收资料中，建筑节能工程验收应由总监理工程师（建设单位项目负责人）主持，会同参与工程建设各方共同进行。

（六）监理监控要点

1. 墙体节能工程

（1）外墙外保温节能工程

1）进场材料的品种、型号必须符合设计和技术规程要求，应具有质量保证书、产品合格证、检测报告。

2）复测基准点，在墙面上每间隔 2m 不少于一个厚度基准点；检查灰饼厚度。

3）检查防水涂膜稀浆刷的均匀程度，要求满涂，并且养护 24h 以上，才能进入下一道工序的施工，以增强与基层的粘结度，起防潮作用。

4）硬质聚氨酯喷涂施工后 24h 内，不允许对其进行修整。修整时采用手提刨刀对大于 5mm 的喷涂波峰进行修整，其厚度应满足设计要求的 16mm。采用针测法（用 ϕ1 钢针插入）检查，每 100m^2 抽检不少于 5 点，后每增加 100m^2 测 2 次。保温层平均厚度应符合设计要求，最小厚度不应小于设计厚度的 80%。用 1m 直尺检查其表面平整度应小于 5mm，每 100m^2 抽检不少于 5 点，后每增加 100m^2 测 2 处，且不应多于 1 处不合格。

5）检查锚固螺栓的间距、埋入深度，并应及时进行拉拔测试。检查钢丝网片的铺设，其固定点应牢固、搭接长度不应少于 5cm，阳角处应转角搭接。

6）193 纤维增强抗裂腻子应分层批嵌，每层厚度控制在 3mm 左右，总厚度 5～10mm。养护 48h 以上方可施工面层。

7）对 193 聚氨酯泡沫塑料表面不平整处，可进行批嵌 193 纤维增强抗裂腻子找平，以增强其和钢丝网片的接触面，防止抗裂腻子的空鼓，保证其表面的平整度。

8）喷涂硬质聚氨酯时应注意对门窗等构件的保护，若不慎污染到门窗上应及时予以清理。

9）当长度、宽度超过 23m 时应设置伸缩缝，用切割机将泡沫塑料切割至结构墙体，并用柔性腻子填满，变形缝上下应加锚栓加固。变形缝由于泡沫塑料无法收头，为防止此处渗水剂出现应力变化，与变形缝钢板接头处应固定锚栓且应采用油膏密封。本工程由于每层均有线条，故可以不设置。

10）不宜施工的天气条件：施工现场气温不宜低于 5℃；不宜在雨、雾、雪天气施工；相对湿度不宜大于 90%；风力不宜在 5 级及以上。

（2）内墙内保温节能工程

1）墙体基层表面应无浮灰、油污、隔离剂、空鼓、风化物等杂质。混凝土墙体的穿墙螺栓孔用干硬性砂浆分层填塞密实并在墙体内侧抹平。砌体墙体表面的残余砂浆、浮灰应清除干净，分层堵塞脚手眼。

2）以门窗洞口边为基准，在墙面分别向门窗口两边按保温板宽分档弹出控制线。在地面上按防水踢脚板厚度弹出边线，并在墙面弹出踢脚板上口线。可根据设计对空气层厚度的要求设置 50mm×50mm 的灰饼，间距为 2m，呈梅花形布设。

3）根据房间的开间和进深尺寸及保温板的规格预排保温板。排板应从门窗口边开始，非整张板可放在阴角，以此板位弹出保温板定位线。

4）预埋接线盒、管箍及埋件。接线盒应与保温板面齐平，预埋管道、管箍及埋件等应预先设置到位。

5）安装保温板控制要点：

① 将接线盒、管箍及埋件的位置准确地翻样到保温板上，并开出洞口。

② 安装前清除墙面的浮灰，在保温板的四周边满刮粘结石膏，板面中间梅花形设置粘结石膏饼，数量应大于板面面积的 10%，石膏饼直径约 100mm，间距不大于 300mm，按保温板定位线直接粘贴于墙面。

③ 保温板与墙面应粘贴牢固，板顶面留出 5mm 缝隙用木楔子临时固定，其上口用石膏胶粘剂填塞密实。待胶粘剂干后撤去楔子，再填满胶粘剂。

④ 保温板安装完，用聚合物砂浆抹门窗口护角，保温板在门窗口处的缝隙用胶粘剂填塞密实。同时，接线盒、管箍及埋件与保温板间的缝隙也用胶粘剂填塞密实。

⑤ 雨期施工时，在运输和贮存保温板过程中应采取防雨措施，防止石膏板被雨淋湿。

⑥ 冬期施工时，做好门窗的封闭，施工环境温度不应低于 5℃，防止石膏胶粘剂受冻。

6）板缝处理及贴玻纤网格布待安装保温板的胶粘剂达到强度后，检查板缝的粘贴情况，发现有裂缝应及时修补。

7）玻璃纤维网格布粘结干燥后，墙面分 2～3 遍满刮 2～3mm 厚的石膏腻子，墙面腻子应平整，表面无裂缝、起皮和透底现象，验收合格后施工饰面层。

2. 门窗节能工程

（1）门窗生产和安装单位，应将符合设计和产品标准规定的门窗及其附件提供业主、设计、监理和施工共同确认后封样于监理处，作为门窗及附件进场验收的依据。

（2）门窗的品种、规格、外观及其附件应符合设计要求和国家现行标准的规定。

（3）门窗的气密性、保温性能、中空玻璃露点、玻璃遮阳系数和可见光透射比应符合要求。

（4）门窗进入施工现场时，应按规范要求进行节能性能复验，复验应为见证取样送检。

（5）建筑门窗采用的玻璃品种应符合设计要求，中空玻璃应采用双道密封。

（6）金属外门窗隔断热桥措施应符合设计要求和产品标准的规定，金属副框的隔断热桥措施应与门窗框的隔断热桥措施相当。

（7）外门窗框或副框与洞口之间的间隙应采用弹性闭孔材料填充饱满，并使用密封胶密封。外门窗框与副框之间的缝隙应使用密封胶密封。

（8）门窗镀（贴）膜玻璃的安装方向应准确，中空玻璃的均压管应密封处理。

（9）天窗安装的位置、坡度应正确，封闭严密，嵌缝处不得渗漏。

（10）门窗扇密封条，其物理性能应符合相关标准的规定。密封条安装位置应正确，镶嵌牢固，不得脱槽，接头处不得开裂，关闭门窗时密封条应接触严密。

（11）外窗遮阳设施的性能、尺寸应符合设计和产品标准要求，遮阳设施的安装应位置正确、牢固，满足安全和使用功能的要求。

3. 幕墙节能工程

（1）用于幕墙节能工程的材料、构件等，其品种、规格应符合设计要求和相关标准的规定。幕墙玻璃的传热系数、遮阳系数、可见光投射比符合设计要求。

（2）幕墙的气密性应符合设计规定的等级要求，对幕墙进行现场抽取材料和配件，进行气密性能检测，检测结果应符合设计要求。

（3）幕墙密封条镶嵌应牢固、位置正确、对接严密。单元幕墙板块之间的密封性要符合设计要求。开启扇关闭应严密。

（4）幕墙节能工程施工期间监理应对构造缝、结构缝、单元式幕墙板块间的接缝构造、幕墙的通风换气装置等进行隐蔽工程验收。

（5）幕墙和周边墙体间接缝处应采用耐候密封胶密封。伸缩缝、沉降缝的密封做法应符合设计要求。

（6）幕墙工程热桥部位的隔断热桥措施应符合设计要求，断热节点的连接应牢固。

（7）冷凝水的收集和排放应通畅，并不得渗漏。

（8）中空玻璃采用双道密封，中空玻璃的均压管应密封处理。

4. 屋面节能工程

（1）屋面节能工程应在基层质量验收合格后方可进行施工。

（2）用于屋面节能工程的保温隔热材料的品种、规格应符合设计要求和相关标准的规定。保温材料的导热系数、密度、燃烧性能应符合设计要求，监理应进行见证取样复验。

（3）屋面保温层的敷设方式、厚度、缝隙填充质量要符合设计要求和有关标准的规定，监理进行抽查。

（4）保温材料要防止雨淋，要求板形完整，不碎不裂。

（5）金属板保温夹芯屋面应铺设牢固、接口严密、表面洁净、坡向正确。

（6）屋面保温施工期间监理应对基层、保温层的敷设方式、厚度等进行隐蔽工程验收。

5. 地面节能工程

(1) 地面节能工程的施工应在基层质量验收合格后进行。

(2) 用于地面节能工程的保温材料的品种、规格应符合设计要求和相关标准的规定。材料的导热系数、密度、抗压强度、燃烧性能应符合设计要求，监理应进行见证取样复验。

(3) 地面保温层、隔离层、保护层各层的设置和构造做法以及保温层的厚度应符合设计要求。

(4) 影响地面保温效果的主要因素除了保温材料的性能和厚度以外，另一重要因素是保温层、保护层等的设置和构造做法以及热桥部位的处理等。因此，对保温层、保护层的设置和构造做法以及热桥部位的检查验收是监理控制的要点。

(5) 保温砂浆的施工应分层进行施工。

(6) 保温层与基层及其他构造层之间粘结应牢固，缝隙应严密。

(7) 地面节能工程应对基层、被密封保温材料的厚度等工程进行隐蔽工程验收。

6. 通风与空调、冷热源与管网节能工程

(1) 通风与空调节能工程

1) 通风与空调系统节能工程所使用的设备、管道、阀门、仪表、绝热材料等产品进场时，应按设计要求对其类型、材质、规格型号及外观等进行验收，并应对下列产品的技术性能参数进行核查：

① 组合式空调机组、新风机组等设备的冷量、热量、风量、风压、功率及额定热回收效率；

② 风机的风量、风压、功率及其单位风量耗功率；

③ 成品风管的技术性能参数；

④ 自控阀门与仪表的技术性能参数。

2) 通风与空调节能工程中的送、排风系统及空调风系统、空调水系统的安装，应符合下列规定：

① 各系统的制式，符合设计要求；

② 各种设备、自控阀门与仪表应按设计要求安装齐全，不得随意增减和更换；

③ 水系统各分支管路水力平衡装置、温控装置与仪表的安装位置、方向应符合设计要求，并便于观察、操作和调试；

④ 空调系统应能实现设计要求的分区温度调控功能。

3) 风管的制作与安装，应符合下列规定：

① 风管的材质、断面尺寸和厚度应符合设计要求；

② 风管与部件、风管与土建风道及风管间的连接应严密、牢固；

③ 风管的严密性检验及漏风量，应符合设计和规范要求；

④ 需要绝热的风管与金属支架的接触处、复合风管及需要绝热的非金属风管的连接和内部支撑加固等处，应有防热桥的措施，并应符合设计要求。

4) 组合式空调机组和新风机组的安装，应符合下列要求：

① 各种空调机组的规格和数量应符合设计要求；

② 安装位置和方向应正确，且与风管、送风静压箱、回风箱的连接紧密可靠；

③ 组合式空调机组各功能段之间应连接紧密，应做漏风量检测，并应符合产品标准要求；

④ 机组内的空气热交换器翅片和空气过滤器应清洁、完好，且安装位置和方向应正确，并便于维护和清理。

5）风机盘管机组的安装应符合下列规定：

① 规格、数量应符合设计要求；

② 位置、高度、方向应正确，并便于维护保养；

③ 机组与风管、回风箱与风口的连接应严密、可靠；

④ 空气过滤器的安装应便于拆卸和清理。

6）风机的安装应符合下列规定：

① 规格、数量应符合设计要求；

② 安装位置及进出口方向应正确，与风管的连接应严密、可靠。

7）空调机组回水管上的电动两通阀、风机盘管机组回水管上的电动调节阀、空调水系统中的水力平衡阀、冷量计量装置等自控阀门与仪表的安装应符合下列规定。

① 规格、数量应符合设计要求；

② 方向应正确，位置便于操作和观察。

8）空调风系统及部件的绝热层和防潮层施工应符合下列规定：

① 绝热层应采用不燃或难燃材料，其材质、规格和厚度应符合设计要求；

② 绝热层与风管、部件及设备应紧密贴合，无裂缝、空隙等缺陷，且纵横向的接缝应错开；

③ 绝热层表面应平整，当采用板材时，厚度允许偏差为 5mm；

④ 风管法兰部位的绝热层厚度，不应低于风管绝热层厚度的 80%；

⑤ 风管穿墙或楼板处的绝热层应连续不间断；

⑥ 防潮层应完整，且封闭良好，其搭接缝应顺水；

⑦ 风管系统部件的绝热，不得影响其操作功能。

9）空调水系统管道及配件的绝热层和防潮层施工，应符合下列规定：

① 绝热层应采用不燃或难燃材料，其材质、规格和厚度应符合设计要求；

② 绝热管壳的粘贴应牢固、铺设应平整；

③ 拼接缝隙、压实密度应符合规范和设计要求；

④ 防潮层与绝热层应结合紧密，封闭良好，不得有虚粘、气泡、折皱等缺陷；

⑤ 空调冷热水管穿楼板和穿墙处的绝热层应连续不间断，且绝热层与套管之间应用不燃材料填实，不得有缝隙；套管两端应进行密封封堵；

⑥ 管道阀门、过滤器及法兰部位的绝热结构应能单独拆卸，且不影响其操作功能。

10）空调水系统的冷热水管道与支、吊架之间应设置绝热衬垫，其厚度不应小于绝热层厚度，宽度应大于支吊架支撑面的宽度。衬垫的表面应平整，衬垫与绝热材料之间应填实无空隙。

11）通风与空调系统安装完毕应进行通风机和空调机组等设备的单机试运转和调试，并应进行系统的风量平衡调试。单机试运转和调试结果应符合设计要求。系统总风量与设计风量偏差不应大于10%，风口的风量与设计风量偏差不应大于15%。

12）变风量末端装置与风管连接前宜作动作试验，确认运行正常后再封口。

（2）冷热源与管网节能工程

1）冷热源附属设备应按照设计要求对其类型、材质、规格型号及外观等进行验收，并应对下列产品的技术性能参数进行核查：

① 热交换器的单台换热量；

② 循环水泵的流量、扬程、电机功率及输送能效比；

③ 自控阀门与仪表的技术性能参数。

2）空调冷热源附属设备和管网的安装应符合下列规定。

① 管道系统的制式，应符合设计要求；

② 各种设备、自控阀门与仪表应按设计要求安装齐全，不得随意增减和更换。

3）输送空调一次水的管道，绝热层应完整且封闭良好。考虑到在潮湿场所使用，其湿阻因子应达到设计要求。

4）管道与支吊架之间绝热衬垫的施工，参照通风与空调节能工程控制要点。

7. 配电与照明节能工程

（1）照明光源、灯具及其附属装置的选择，必须符合设计要求。进场验收时，应对下列技术性能进行核查；质量证明文件和相关技术资料应齐全，并应符合国家现行有关标准和规定：

1）荧光灯具和高强度气体放电灯灯具的效率应不低于设计要求，当设计未规定时，应不低于规范规定的最小值；

2）管型荧光灯具镇流器的能效限定值应不低于设计要求，当设计未规定时，应不低于规范规定的最小值；

3）照明设备谐波含量限值应不大于设计要求，或规范规定。

（2）工程安装完成后，应对低压配电系统进行调试，调试合格后应对低压配电电源质量进行检测。

1）供电电压允许偏差：三相供电电压允许偏差为标称系统电压的±7%；单相220V为+7%、-10%；

2）公共电网谐波限值为：390V的电网标称电压，电压总谐波畸变率（THDu）为5%，奇次谐波含有率为4%，偶次谐波含有率为2%；

3）谐波电流不应超过规范规定的允许值；

4）三相电压不平衡度允许值为2%，短时不得超过4%。

（3）在通电试运行中，应测试并记录照明系统的照度和功率密度值：

1）照度值不得小于设计值的90%；

2）功率密度值应符合《建筑照明设计标准》的规定。

（4）母线与母线或母线与电器接线端子，当采用螺栓搭接连接时，应采用力矩扳手拧紧。

（5）交流单芯电缆或分相后的每相电缆宜品字形敷设，且不得形成闭合铁磁回路。

（6）三相照明配电干线的各相负荷宜分配平衡，其最大相负荷不应超过三相负荷平均值的115%，最小不得小于平均值的85%。

8. 监测与控制节能工程

(1) 监测与控制系统的施工单位应根据国家相关标准的规定，对系统施工图设计进行复核。当复核结果不能满足节能要求时，应向设计单位提出修改建议，由设计单位进行设计变更，并经原节能设计审查机构批准。

(2) 工程实施由施工单位和监理单位随工程实施过程进行，分别对施工质量管理文件、设计符合性、产品质量、安装质量进行检查，及时对隐蔽工程和相关接口进行检查。同时，应有详细的文字和图像资料，并对监测与控制系统进行不少于168h的不间断试运行。

(3) 监测与控制系统采用的设备、材料及附属产品进场时，应按照设计要求对其品种、规格、型号、外观和性能等进行检查验收。各种设备、材料和产品附带的质量证明文件和相关技术资料应齐全，并应符合国家现行有关标准和规定。

(4) 监测与控制系统安装应符合以下规定：

1) 传感器安装质量应符合《自动化仪表工程施工及验收规范》GB 50093 的规定；

2) 阀门型号和参数应符合设计要求，其安装位置、阀前后直管段长度、流体方向等应符合产品安装要求；

3) 压力和差压仪表的取压点、仪表配套的阀门安装应符合产品要求；

4) 流量仪表的型号和参数、仪表前后直管段长度等应符合产品要求；

5) 温度传感器的安装位置、插入深度应符合产品要求；

6) 变频器安装位置、电源回路敷设、控制回路敷设应符合设计要求；

7) 智能化变风量末端装置的温度设定器安装位置应符合产品要求；

8) 涉及节能的关键传感器应预留检测孔或检测位置，管道保温时应作明显标注。

(5) 对经过试运行的项目，其系统的投入情况、监控功能、故障报警连锁控制及数据采集等功能，应符合设计要求。

(6) 空调水系统的监测控制系统应成功运行，控制及故障报警功能应符合设计要求。

(7) 通风与空调监测系统的控制功能及故障报警功能应符合设计要求。

(8) 监测与计量装置的检测计量数据应准确，并符合系统对测量准确度的要求。

(9) 供配电的监测与数据采集系统应符合设计要求。

(10) 照明自动控制系统的功能应符合设计要求，公共照明采用集中控制并采用节能运行的控制措施。

(11) 综合控制系统（建筑设备监控系统与电力监控系统）应对以下项目进行功能检测，检测结果满足设计要求：

1) 建筑能源系统的协调控制；

2) 通风与空调系统的优化监控。

(12) 综合控制系统的能源数据采集与分析功能、设备管理和运行管理功能、优化能源调度功能、数据集成功能应符合设计要求。

(13) 监测与控制系统的可靠性、实时性、可维护性等系统性能应符合设计要求。

(七) 旁站监理

由专业监理人员在现场跟班监督关键部位、关键工序的施工。旁站过程中真实、及时、准确、全面记录关键部位或关键工序的有关情况，填写旁站记录表，并辅以影像资料记录旁站全过程，作为对关键部位、工序施工和调试全过程的记录。

（八）现场监理的记录表式（略）

二、某建筑节能工程监理质量评估报告示例

（一）工程概况

1. 建筑节能分部工程概况

本工程为大型公共建筑，包括机场航站楼及其交通中心车库。航站楼地下一层，地上三层，局部四层。主体结构为钢筋混凝土框架结构，周边采用玻璃幕墙围护，采用钢结构屋架、彩钢板屋面。交通中心车库为框架结构，地下2层，上部设置连接两个航站楼的通道。本工程因地处中国南方地区，属夏热冬冷地区。

本工程的建筑节能分部工程包括墙体节能、幕墙节能、屋面节能、地面节能、通风与空调、空调与采暖系统的冷热源与管网、配电与照明、监测与控制等子分部工程。

（1）墙体节能设计做法

本工程墙体节能为外墙外保温、外墙内保温、墙体自保温。

本工程内大型停车库外墙采取外保温节能，外保温采用193聚氨酯彩色防水保温系统，外墙外保温厚度为16mm，现场发泡制作。

停车库内墙采用内保温节能。内保温采用聚氨酯板，保温层外部采用搪瓷钢板装饰。

本工程填充墙采用加气混凝土砌块砌筑。

（2）门窗节能设计做法

门窗节能性能主要是密封性能和保温性能，航站楼屋面天窗玻璃采用中空和夹胶玻璃，型材采用节能型材。

航站楼四周采用玻璃幕墙围护，幕墙分为单元式和框架式两种，幕墙玻璃为中空LOW-E(8＋12A＋8)＋夹胶玻璃(8＋0.76PVB＋8)，以达到节能目的。

（3）屋面节能设计做法

本工程为钢结构屋架，屋面为彩钢板屋面，结构形式为内夹100mm厚玻纤棉双层彩钢板屋面。屋面彩钢板在现场轧制形成利用玻纤维达到保温作用。

（4）地面节能设计做法

本工程为连接两个航站楼在停车库上部设置了三条通廊道，通廊地面采用节能地面，地面构造为：用38.5mm聚苯颗粒保温砂浆保温层、3.5mm的网格布、抗裂砂浆隔离层、地面面层为3.5mm橡胶地板。

（5）通风与空调、冷热源与管网节能设计做法

本工程总空调面积40万m^2，主楼地下室设4个热交换站，6个大型空调机房；长廊站坪层设6个热交换站，15个大型空调机房；连廊各层共设8个空调机房。空调二次水系统采用冷热分开的四管制系统。冷热源集中来自于二期航站楼附属建筑能源中心，航站楼楼内不设置大型制冷机组和锅炉。从能源中心经室外地下共同沟供来的一次冷冻水和蒸汽通过设置于航站楼内的各个热交换站的众多热交换器进行交换产生空调二次冷、热水，满足空调工程需要。

本工程主要的空调方式：主楼的出发层与到达层、连接廊的安检与边防及候机长廊的候机厅采用定风量全空气系统；大型的餐饮采用定风量全空气系统，小型餐饮采用风机盘

管加独立新风系统或变风量全空气系统。商业区域的中央大空间采用定风量全空气系统；贵宾 VIP 房采用变风量全空气系统或风机盘管加独立新风系统；一般办公房采用风机盘管加独立新风系统；电梯机房、消防安保中心、弱电机房等需 24h 运行的用房以及部分其他区域采用了独立运行风冷空调机组。空调方式决定了风管的制作与安装及保温工作量大、风管系统风量平衡调整工作量大。通风系统包括：机房、卫生间等采用了机械送排风系统；其他空调区域设有空调季及过渡季排风。

本工程风管保温材料采用带铝箔防潮层的离心玻璃棉板，水管保温材料采用闭孔橡塑发泡保温材料；厚度经材料供应商计算确定。

(6) 配电与照明节能设计做法

本工程长廊底层设置 7 个变配电站（每个站有 2 台 2500kVA 变压器）、主楼地下层设置 2 个变配电站（每个站有 2 台 2500kVA 变压器，4 台 2000kVA 变压器），引入每个变配电站电源均由航站楼附属的两个 35kV 总降压站分别引出一路独立的 10kV 电源，平时同时供电分列运行，故障时互为备用。除提供市电、发电机组电源外，还提供不间断电源 UPS 及紧急电源 EPS 系统，以确保电源的绝对可靠性。变压器低压侧设置静电电容器自动补偿装置，以集中补偿形式使功率内因数提高至 0.9 以上。

本工程大厅大空间照明配合建筑效果采用大功率金属卤化物灯作间接反射照明。办公、商店等处以节能或荧光灯具为主。其他地方按实际情况配置节能灯、应急灯、疏散指示灯、高显色荧光灯、路灯、庭院灯。灯具选择高品质、节能型高显色荧光灯管并配高功率因数电子镇流器。

(7) 监测与控制节能设计做法

本工程监测与控制节能工程包括建筑设备监控系统、电力监控系统两个子系统。

建筑设备监控系统的监控范围包括：

1）中央空调系统的空调冷水及热水系统（主要设备为水-水板式热交换器，汽-水板式热交换器）、各类空调机组（包括 VAV 变风量空调机组）、各类新风机组、各类送排风机、VAV 系统变风量末端装置、数字定风量阀、风机盘管等；

2）公共区域照明系统；上述系统与组成设备通过节能管理功能软件实现以下节能功能：空调机组，新风机组夜间换气功能；循环启停功能；焓值控制功能；最佳运行功能；零能区/负荷再设定控制功能；自适应加热曲线和最优化功能；电力设备不同时段运行功能；节假日节能运行模式功能。

因本工程供用电量大，设置独立的电力监控系统。监控范围包括 10 个 10kV 变电所的各种电力设备。其中低压配电柜的监控内容包括：三相线电压、三相相电压、三相电流、电度、有功功率、无功功率、视在功率、功率因数、谐波检测分析等电力节能指标。

2. 工程开工、竣工日期

本工程 20××年 9 月开始施工，20××年 12 月施工结束。

3. 本工程参建单位

建设单位：××机场工程建设指挥部；

设计单位：××建筑设计研究院有限公司；

施工单位：××建筑有限公司；

监理单位：××建设监理咨询有限公司。

(二) 工程施工情况简述

开工前，监理对施工方的现场项目管理机构的质保体系及现场质量管理进行了检查，对施工单位编制的专项施工方案进行审核。同时对各类进场机械设备、测量设备鉴定检测证书及特种专业工种人员上岗证进行了检查。

监理对墙体、幕墙、屋面、地面节能工程、空调节能、系统控制节能材料进场的主要材料：聚氨酯、中空玻璃、夹胶玻璃、玻纤棉、聚苯颗粒砂浆等进行控制，所有进场材料均经过监理验收，检查产品合格证书、中文说明书及相关性能的检测报告。进场后按照规范规定进行材料复验，对进场的设备进行验收。

施工过程中，监理对基层、保温层厚度、细部构造、幕墙接缝构造等进行了隐蔽验收。对整个施工过程进行了巡视，土建结构预埋预留、干管支管安装（桥架、线槽与电管敷设）、水压试验（线缆敷设）、设备安装、单机调试、接口调试、系统调试。主要采用以区域机房为中心的分段施工工艺，分段调试和整体调试相结合的调试方法，达到了质量和进度的控制目标。对巡视检查及隐蔽验收中存在的质量问题签发监理工程师通知单 18 份，要求施工单位整改，整改完成后监理进行复验。

施工完成后专业监理工程师对墙体节能、幕墙节能、屋面节能、地面节能各检验批进行验收，对现场实体质量检测进行了旁站监理。

(三) 工程质量评估依据

(1) 本工程的设计图纸（含修改图、补充图、技术核定单）；

(2) 本工程的施工承包合同；

(3) 经批准的本工程的施工组织设计；

(4)《建设工程监理规范》GB 50319—2000；

(5)《建筑工程施工质量验收统一标准》GB 50300—2001；

(6)《建筑节能工程施工质量验收规范》GB 50411—2007；

(7)《采暖居住建筑节能检验标准》JGJ 132—2001。

(四) 工程质量验收划分

工程质量验收划分一览，见表 4-3。

工程质量验收划分一览 **表 4-3**

序号	分部工程	分项工程名称	检验批
1	建筑节能工程	墙体节能工程	24
2		幕墙节能工程	38
3		门窗节能工程	17
4		屋面节能工程	26
5		地面节能工程	6
6		通风与空调节能工程	31
7		空调与采暖系统的冷热源与管网节能工程	45
8		配电与照明节能工程	31
9		监测与控制节能工程	26

（五）施工单位检查评定结果

施工单位检查评定结果一览，见表 4-4。

施工单位检查评定结果一览　　表 4-4

序　号	分部工程	分项工程名称	自评结果
1	建筑节能工程	墙体节能工程	自评合格
2		幕墙节能工程	自评合格
3		门窗节能工程	自评合格
4		屋面节能工程	自评合格
5		地面节能工程	自评合格
6		通风与空调节能工程	自评合格
7		空调与采暖系统的冷热源与管网节能工程	自评合格
8		配电与照明节能工程	自评合格
9		监测与控制节能工程	自评合格

（六）建筑工程质量验收组织情况

本工程建筑节能施工过程中监理对各检验批进行了验收，分项工程完成后监理对该分项工程的工程资料进行汇总，对工程质量进行了检查。建筑节能工程施工完工后，由监理单位组织各参建单位对该分部工程进行了初步验收，施工质量符合设计及规范要求。

（七）工程质量验收情况

1. 墙体节能工程

（1）外墙外保温采用 193 聚氨酯彩色防水保温系统，外墙外保温厚度为 16mm，现场发泡。保温系统具有检测报告和质保书。作业基面表面清理干净，无浮灰和油污。保温层的品种、规格、厚度、性能符合设计要求。保温层与墙体以及各构造层之间粘结牢固，无脱层、空鼓、裂缝。钢丝网铺设固定牢固，经测试膨胀螺栓的抗拉拔荷载符合设计和规范要求。保温系统表面平整、洁净，接槎平整，线角顺直、清晰，阴阳角方正。

（2）外墙内保温采用聚氨酯板，所有检验批经检查验收符合施工验收规范要求，墙体节能工程合格。

2. 幕墙节能工程

幕墙节能采用中空 LOW-E(8＋12A＋8)＋夹胶玻璃(8＋0.76PVB＋8)，玻璃、铝合金型材及硅胶具有检测报告和质保书，符合设计和相关规范要求；幕墙玻璃的传热系数、遮阳系数、可见光投射比符合设计要求；幕墙的气密性符合设计规定的等级要求；单元幕墙板块之间的密封性符合设计要求；开启扇关闭严密；幕墙密封条镶嵌牢固，位置正确，对接严密；幕墙冷凝水的收集和排放畅通，无渗漏；幕墙和周边墙体间接缝处采用耐候密封胶密封；伸缩缝、沉降缝的密封做法符合设计要求。

所有检验批经检查验收符合施工验收规范要求，幕墙节能工程合格。

3. 屋面节能工程

屋面节能工程采用内夹 100mm 厚玻纤棉双层彩板屋面，玻纤棉具有检测报告和质保书，其导热系数、密度、燃烧性能符合设计要求；屋面保温层的敷设方式、厚度、缝隙填充质量符合设计要求和有关标准的规定；金属板保温夹芯屋面铺设牢固、接口严密、表面洁净、坡向正确。

所有检验批经检查验收符合施工验收规范要求，屋面节能工程合格。

4. 地面节能工程

地面采用 38.5mm 聚苯颗粒保温砂浆保温层。用于地面节能工程的保温材料的品种、规格符合设计要求和相关标准的规定，材料的导热系数、密度、抗压强度、燃烧性能符合设计要求。作业基面表面清理干净，无浮灰和油污，保温砂浆分层施工；地面保温层、隔离层、保护层各层的设置和构造做法以及保温层的厚度符合设计要求；保温层与基层及其他构造层之间粘结牢固，缝隙严密。

所有检验批经检查验收符合施工验收规范要求，屋面节能工程合格。

5. 通风与空调、冷热源与管网节能工程

所有检验批经检查验收符合施工验收规范要求，通风与空调、冷热源与管网节能工程合格。

6. 配电与照明节能工程

所有检验批经检查验收符合施工验收规范要求，配电与照明节能工程合格。

7. 监测与控制节能工程

所有检验批经检查验收符合施工验收规范要求，监测与控制节能工程合格。

(八) 围护结构现场实体检验与系统节能性能检测、试运行情况

(1) 墙体节能构造经现场实体检验，墙体保温材料符合设计要求，保温材料厚度符合设计要求，保温层的构造做法符合设计和施工方案要求。

(2) 建筑设备工程系统节能性能检测结果合格。

(九) 工程质量控制资料

工程质量控制资料一览，见表 4-5。

工程质量控制资料一览 **表 4-5**

工程项目			施工单位		
序号	项目	资料名称	份数	核查意见	核查人
1	建筑节能	设计文件、图纸会审记录、设计变更和洽商	3	符合要求	
2		主要材料、设备和构件的质量证明文件、进场检验记录、进场复验报告、见证试验报告	5	符合要求	
3		隐蔽工程验收记录和相关图像资料	10	符合要求	
4		分项工程质量验收记录；必要时应检查检验批验收记录	10	符合要求	
5		建筑围护结构节能构造现场实体检验记录	3	符合要求	
6		严寒、寒冷和夏热冬冷地区外窗气密性现场检测报告	2	符合要求	
7		风管及系统严密性检验记录	1	符合要求	
8		现场组装的组合式空调机组的漏风量测试记录	1	符合要求	
9		设备单机试运转及调试记录	1	符合要求	
10		系统联合试运转及调试记录	1	符合要求	
11		系统节能性能检验报告	1	符合要求	
12		其他对工程质量有重大影响的重要技术资料	1	符合要求	
结论：合格 施工单位项目经理 年 月 日			结论：合格 总监理工程师 年 月 日		

（十）质量评定结果

质量评定结果一览，见表 4-6。

质量评定结果一览 **表 4-6**

序 号	分部工程	分项工程名称	评定结果
1	建筑节能工程	墙体节能工程	合格
2		幕墙节能工程	合格
3		门窗节能工程	合格
4		屋面节能工程	合格
5		地面节能工程	合格
6		通风与空调节能工程	合格
7		空调与采暖系统的冷热源与管网节能工程	合格
8		配电与照明节能工程	合格
9		监测与控制节能工程	合格
质量控制资料			符合要求
观感质量验收			综合评价好

经查，某工程建筑节能分部工程质量控制资料核查情况符合要求，工程实体质量符合规范及设计要求，未出现违反强制性规范条文的现象，所含各分项工程均合格，现场实体检测结果符合要求。综合评定：某工程建筑节能分部工程质量核定等级为合格。

参 考 文 献

1. 建筑节能工程施工质量验收规范编制组编. 建筑节能工程施工质量验收规范宣贯教材. 北京：中国建筑工业出版社，2007.
2. 何锡兴，周红波. 建筑节能工程监理质量控制手册. 北京：中国建筑工业出版社，2008.
3. 丁士昭. 建设工程信息化导论. 北京：中国建筑工业出版社，2005.
4. 戴维 .G. 科茨. 设施管理手册(第二版). 北京：中信出版社，2001.